职业教育旅游与餐饮类专业系列教材

西餐热菜工艺

主　编：鲁　煊　黄永泽　黄明验
副主编：肖心路　黄恒剑　陈　雯
　　　　谢积慧　黄文荣　黄凤娇
参　编：谭顺捷　袁德华　刘沛琦　吴凤莲
　　　　吕思宏　黎子宁　韦玉社　韦木荣
　　　　赖裕华　刘　佺　齐　欣　吕宇锋
　　　　莫茹茵　梁　政　邵　琼　苏木庆
　　　　苟　涛　张　侃　谭　健　李慧芝
　　　　林嘉沿　覃唯任　刘超劼　陆英娜

机械工业出版社
CHINA MACHINE PRESS

本书依据高等职业教育专科西式烹饪工艺专业教学标准，秉持立德树人、课程思政、校企双元、理实一体的理念，对接新产业、新业态、新模式下西式烹饪岗位（群）的新要求进行编写。教材涵盖畜肉类菜品制作、禽肉类菜品制作、水产类菜品制作、土豆及其他淀粉类菜品制作、蔬菜类菜品制作、蛋类菜品制作等6个模块、57个学习项目，各学习项目围绕菜品制作设计了"项目目标""项目分析""项目实施""综合评价"等学习模块。本书采用"图""文""视频"并茂的编写形式，内容紧贴市场，教材形式新颖。

本书可供职业教育（三年制或五年制）烹饪类专业学生使用，也可作为培训机构、餐饮从业人员的培训教材和参考用书。

图书在版编目（CIP）数据

西餐热菜工艺 / 鲁煊，黄永泽，黄明验主编. — 北京：机械工业出版社，2024.8（2025.2重印）

职业教育旅游与餐饮类专业系列教材

ISBN 978-7-111-75930-0

Ⅰ.①西… Ⅱ.①鲁… ②黄… ③黄… Ⅲ.①西式菜肴 – 烹饪 – 高等职业教育 – 教材 Ⅳ.①TS972.118

中国国家版本馆CIP数据核字（2024）第107896号

机械工业出版社（北京市百万庄大街22号 邮政编码100037）
策划编辑：孔文梅　　　　　责任编辑：孔文梅　邢小兵
责任校对：曹若菲　丁梦卓　　封面设计：马若濛
责任印制：刘　媛
北京中科印刷有限公司印刷
2025年2月第1版第2次印刷
210mm×285mm·12.75印张·285千字
标准书号：ISBN 978-7-111-75930-0
定价：54.00元

电话服务　　　　　　　　　　网络服务
客服电话：010-88361066　　　机　工　官　网：www.cmpbook.com
　　　　　010-88379833　　　机　工　官　博：weibo.com/cmp1952
　　　　　010-68326294　　　金　书　网：www.golden-book.com
封底无防伪标均为盗版　　　机工教育服务网：www.cmpedu.com

前 言

《西餐热菜工艺》是编写团队依据高等职业教育专科西式烹饪工艺专业教学标准，秉持立德树人、课程思政、校企双元、理实一体的理念，对接新产业、新业态、新模式下西式烹饪岗位（群）的新要求进行编写。本书在规划、编写、审核等环节都严格执行相关政策文件精神，围绕培养高素质技术技能人才的目标确定本书的编写架构、编写内容及资源建设，充分体现教材的职业性、规范性。本书具有以下几个显著特点。

一、紧扣相关标准，思政元素有机融入

在内容选取上，依据2022年修订的《职业教育专业简介》中的西式烹饪工艺专业的课程设置组织编写。同时，对标"西式烹调师"职业标准、餐饮企业西式烹调师岗位典型任务和世界技能大赛烹饪（西餐）赛项的竞赛标准，坚持反映西餐行业中的新知识、新技术、新工艺和新方法要求，据以遴选教学典型任务，并将精益求精、追求卓越的工匠精神和课程思政内容融入每个学习项目中，充分体现社会主义核心价值观，落实立德树人的根本任务。

二、校企双元合作，团队组成科学合理

在广西烹饪餐饮行业协会西餐专委会、南宁香格里拉酒店、南宁荔园山庄酒店等行企技术骨干的指导下，联合职教专家、西餐技术能手、教学研究人员、资深大赛评委、一线优秀教师组成编写团队，凸显职业教育的类型教育特点。编写团队成员熟悉西餐职业教育教学规律，了解职业院校学生认知特点，熟悉西餐行业发展与西餐岗位用人标准，有丰富的教学、科研、西餐制作经验，所有人员均具有高级以上职业技能等级证书或中级以上专业技术资格。

三、理实一体编写，突出职教类型特色

按照理论与实践相结合的思路进行内容编排，助力"教、学、做、评"四位一体的教学法，注重对学生动手能力的培养，做到理论知识与实训操作相互融合，知识传授、技能训练和能力培养同步，以西餐岗位职业特征、职业成长规律和典型工作任务提炼教学任务，反映新知识、新技术、新工艺、新方法，实现课程内容与职业标准对接、教学过程与生产过程对接。

四、模块项目结构，知识、能力、素养并重

教材框架清晰，按照"模块""项目"的二级结构体例进行编排，以模块引领、项目驱动的职

业教育教学方法编写。搭建"学知识、长技能、开视野、修素养"的学习架构，注重对学生思想性、文化性和灵活性的培养，提高职业院校学生的核心竞争力，全面提升和培养学生综合素质。

五、文、图、视频结合，助力教学模式改革

教材内容以文、图、视频相结合的模式进行设计，以利于展示典型代表性菜肴加工过程中所涉及的关键技能点，依托现代信息技术，构建了可视、可听、可练、可互动的教学内容，形成"互联网＋课程"新形态立体化教材。

本教材内容由6大学习模块组成。6大模块分别是畜肉类菜品制作、禽肉类菜品制作、水产类菜品制作、土豆及其他淀粉类菜品制作、蔬菜类菜品制作、蛋类菜品制作，涵盖了西餐热菜常见代表性菜品。

本教材在编写过程中得到了广西烹饪餐饮行业协会西餐专委会的专项指导，在作业技术标准方面得到了南宁香格里拉酒店、南宁荔园山庄酒店、南宁万丽酒店等企业技术骨干的帮助，在数字资源建设方面得到了广西海盛传媒有限公司的大力支持，在体例设计、出版等方面得到了机械工业出版社的悉心指导，在此，一并表示衷心感谢。由于西餐热菜涵盖面广、品种较多，个体认知、饮食习惯等方面存在一定的差异，以及教材篇幅有限等因素导致教材难以做到面面俱到，恳请广大读者提出宝贵意见，为今后教材的改版完善提供指导。我坚信，在所有关心西餐人才培养、关心西餐职业教育教材建设的各类人员的共同推进下，一定能为餐饮行业培养出德才兼备的西餐烹调专业人才。

为方便教学，本书配备电子课件等教学资源。凡选用本书作为教材的教师均可登录机械工业出版社教育服务网 www.cmpedu.com，免费下载。如有问题请致电010-88379375联系营销人员，服务QQ：945379158。

鲁煊

致老师

尊敬的老师：

您好！

感谢您选择《西餐热菜工艺》教材，本书以模块项目式的结构进行编排，融合现代信息技术构建富媒体式立体化教材。您在教学过程中可以根据各教学项目目标，引导学生进行项目分析，做好项目实施计划。实施过程需要引导学生做好主辅料、调料识别与准备工作，熟悉生产制作流程，弄清生产制作注意事项，依据步骤进行生产制作的过程，以及对质量进行检查和评价，从而完成各项目的教学工作。

一、教学项目架构思路简介

1. 项目目标：明确要完成的项目目标，提出实施过程中应具备的职业精神和操作注意事项。

2. 项目分析：对每个需要完成项目的相关知识进行介绍，并对实训内容进行学习分析，根据提出的问题，探讨解决问题的办法，提升学生分析问题、解决问题的能力。

3. 项目实施：以学生为主体进行教学设计，教师指导学生依据项目实施相关内容，进行过程控制、指导答疑等工作，培养学生良好的职业精神、专业精神、工匠精神等。

4. 综合评价：从生产实施前、生产实施中、生产实施后等三个环节的评价项目，由学生本人、小组其他成员、指导老师三方构成综合性评价小组实施评价。将不同角度的评价结论综合，得出对项目完成整体效果的评价，有利于全面地反映学生的学习效果。

二、教学实施建议

1. 教学队伍：建议组建由专职教师和兼职教师构成的教学团队，主要由专职教师组织前期的学习准备及实训过程及质量检查和评价，企业兼职教师主要负责中期的问题分析和项目实施的评价。充分发挥校内外教师的优势，取长补短。

2. 教学内容：教学内容选取上，可以根据所在区域及学生毕业后服务的企业特点及课时数，选取典型学习项目。

3. 教学组织与手段：在教学方法上，建议根据课程特点和学生特点，运用现代信息技术开展混合式教学，实现理实一体化教学，激发学生的学习兴趣，让教学不受时间、空间的限制，提升综合教学效果。

教师在使用过程中有任何意见、建议，请及时与作者（sky6lu@163.com）联系，提出您的宝贵建议，帮助我们进一步优化教材建设，提升教材质量。

编者

致同学

亲爱的同学：

你好！

作为学习《西餐热菜工艺》的学生，熟悉和掌握该课程的知识与技能非常必要。该课程将引导你探究代表性西餐菜肴的历史文化，熟悉种类繁多的西餐热菜技艺，开始进行西餐热菜制作全过程的尝试，它将唤醒你的问题意识、质量意识、责任意识、细节意识、协作意识、安全意识和传承意识。在指导老师的帮助下，让你逐步养成一丝不苟的敬业态度、精诚合作的团队精神，从而帮助你逐步形成有益于整个职业生涯的核心能力。

为了让你的学习更加有效率，希望你能够做到以下几点：

第一，注重团结协作，完成学习任务

教材中的每一个典型学习项目都是一个完整的工作过程，各学习小组要在小组长的带领下，分工协作，按时、保质、保量地完成学习任务。在学习过程中，大家应深入交流，明确各项目的学习目标，并分析为达成学习目标需要践行的学习举措，并付诸行动。另外，你还要关注一下本门课程的学业监控与评价方式，有利于顺利完成各项目学习任务。

第二，积极主动学习，自觉谋求进步

你永远是自己学习的主人，要树立自觉学习、时刻学习、终身学习意识，通过学习提升发现问题、分析问题、解决问题的能力。老师是你学习的合作者，为你的主动学习提供充足的空间，让你有更多沟通、合作与参与评价的机会；老师还是你学习的支持者，他会在你需要时，指导你有序推进学习进程，为你答疑解惑。只有在学习过程中主动的学习，自觉谋求进步，才能获得更强的职业能力。

第三，学会主动分析，及时总结反馈

每个学习项目都有相应的项目目标、项目分析、项目实施、综合评价等内容，你应根据这些内容尽量独立自主地查阅文献资料，制订实训方案，完成每个实训项目，并客观地评价自己的实训效果。同时，你应当大胆展示自己，积极分享学习成果，在交流中取长补短。你还要学会客观地评价自己和他人的实训表现与作品质量，及时总结反馈学习过程中的难点和疑点，并自觉遵守现代餐饮从业人员职业道德规范。

预祝你学有所成，早日成为餐饮领域中的能工巧匠，为建设"幸福中国"贡献自己的一分力量。

编者

目 录

前　言
致老师
致同学

模块一 畜肉类菜品制作

学习目标 / 002

项目 1　炸火腿奶酪猪排 / 003

项目 2　芝士焗猪排 / 006

项目 3　勃艮第红酒炖牛肉 / 009

项目 4　西冷牛排主菜配黑椒汁 / 012

项目 5　匈牙利烩牛肉 / 015

项目 6　威灵顿牛排 / 018

项目 7　铁扒西冷配辣根汁 / 021

项目 8　迷迭香煎羊排配莎莎酱 / 024

项目 9　爱尔兰炖羊肉 / 027

项目 10　红酒烩兔肉 / 030

项目 11　高加索啤酒烩鹿肉 / 033

模块小结 / 036

练习题 / 036

模块二 禽肉类菜品制作

学习目标 / 038

项目 1　法式奶油芥末鸡排 / 039

项目 2　香煎鸡扒配香菇红酒汁 / 042

项目 3　蓝带鸡排 / 045

项目 4　烤春鸡 / 048

项目 5　迷迭香烤鸡腿 / 051

项目 6　煎酿鸡胸 / 054

项目 7　香橙鸭胸　/ 057

项目 8　法式油封鸭腿　/ 060

项目 9　鸭肉千层酥　/ 063

项目 10　法式煎鸽肉　/ 066

模块小结 / 069

练习题 / 069

模块三 水产类菜品制作

学习目标 / 072

项目 1　英式炸鱼柳配鞑靼汁　/ 073

项目 2　海鲈鱼主菜配柠檬黄油汁　/ 076

项目 3　温煮三文鱼　/ 079

项目 4　铁扒大虾配红酒汁　/ 082

项目 5　芝士培根焗鲜贝　/ 085

项目 6　佛罗伦萨式烤鱼　/ 088

项目 7　意式酿鱿鱼配红椒泥　/ 091

项目 8　芝士焗生蚝　/ 094

项目 9　法式烤鲍鱼配土豆泥　/ 097

项目 10　意式龙利鱼卷配番茄汁　/ 100

模块小结 / 103

练习题 / 103

模块四 土豆及其他淀粉类菜品制作

学习目标 / 106

项目 1　法式炸薯条　/ 107

项目 2　法式土豆泥　/ 110

项目 3　烤填馅土豆　/ 113

项目 4　里昂土豆　/ 116

项目 5　西班牙海鲜饭　/ 119

项目 6　米兰藏红花烩饭　/ 122

项目 7　乡村肉酱千层面　/ 125

项目 8　茄汁虾仁意面　/ 128

项目 9　奶油烩意大利饺子　/ 131

项目 10　芝士通心粉　/ 134

模块小结 / 137

练习题 / 137

模块五
蔬菜类菜品制作

学习目标 / 140
项目 1　菠菜奶酪卷 / 141
项目 2　白汁芝士焗西蓝花 / 144
项目 3　那不勒斯烤香料番茄 / 147
项目 4　炸茄子配番茄汁 / 150
项目 5　普罗旺斯炖菜 / 153
项目 6　炸洋葱圈 / 156
项目 7　法式蒜香煎口蘑 / 159
项目 8　灰胡桃南瓜泥 / 162
模块小结 / 165
练习题 / 165

模块六
蛋类菜品制作

学习目标 / 168
项目 1　煎蛋 / 169
项目 2　法式炒蛋 / 172
项目 3　奶油炖蛋 / 175
项目 4　勃艮第红酒水波蛋 / 178
项目 5　法式魔鬼蛋 / 181
项目 6　洋葱培根欧姆蛋 / 184
项目 7　意式烘蛋 / 187
项目 8　苏格兰炸蛋 / 190
模块小结 / 193
练习题 / 193

参考文献 / 194

模块一 畜肉类菜品制作

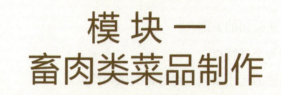

西餐热菜工艺

学习目标

知识目标：

- 了解西餐炸制技法运用的关键。
- 了解芝士的分类与烹饪特点。
- 熟悉西餐焗制技法的运用及代表性菜肴的风味特点。
- 掌握西餐红酒汁调制的原料选用特点及工艺流程。
- 掌握西餐烩制技法的关键。

能力目标：

- 能对小组成员的实训角色进行恰当分配，并能做好组织、统筹、监督、检查的工作。
- 能较好运用初加工技术、刀工技术，依据项目实施相关要求做好畜肉类西式代表菜肴的准备工作。
- 能够制作畜肉类西式代表菜肴，且工艺流程、制作步骤、成菜质量等符合相关标准。
- 通过对相关知识的学习与畜肉类西式代表菜肴的制作，结合餐饮行业的发展方向及市场需求，能创新、开发适销对路的畜肉类新西餐。

素质目标：

- 热爱劳动，养成良好卫生习惯。
- 具备谦虚谨慎、艰苦奋斗的职业素养。
- 养成勤奋学习、立志成才的学习观。

项目 1

炸火腿奶酪猪排

炸火腿奶酪猪排
操作视频

项目目标

1. 知道制作炸火腿奶酪猪排所需的主辅料、调料，并能按标准选用。
2. 掌握炸火腿奶酪猪排生产制作步骤、成品质量标准和安全操作注意事项。
3. 能按照企业厨房生产管理有关规定，依据项目实施说明做好各项准备，在团队成员相互配合下独立完成炸火腿奶酪猪排的生产制作。
4. 理解在餐饮服务过程中坚持"守正创新"的重要性。

✶ ✶ ✶ ✶ ✶ ✶

项目分析

炸火腿奶酪猪排（见图1-1-1）具有"色泽金黄，口味咸鲜，外酥里嫩"的特点，它是西餐猪肉主菜的主要呈现方式之一。制作此菜，主要采用过"三关"的挂糊手法，并通过油温的精准掌控进行成菜。为高质量地完成本项目，各学员不仅要做好准备，还应认真分析以下几个核心问题：

图1-1-1 炸火腿奶酪猪排成品图

1. 过"三关"具体指的哪三关？＿＿＿＿＿＿＿＿＿＿＿＿＿＿
2. 制作此菜，应选用什么芝士片为佳？＿＿＿＿＿＿＿＿＿＿＿
3. 炸制此菜时应如何控制油温？＿＿＿＿＿＿＿＿＿＿＿＿＿＿
4. 装盘时对盘碟有什么要求？＿＿＿＿＿＿＿＿＿＿＿＿＿＿＿

✶ ✶ ✶ ✶ ✶ ✶

项目实施

一、主辅料、调料识别与准备

主料：猪里脊150g（见图1-1-2）。
辅料：火腿片50g，芝士片30g，黄面包糠50g，生粉50g，鸡蛋1个，苦苣10g（见图1-1-3）。
调料：番茄酱20g，白兰地10ml，盐1g，黑胡椒粉1g（见图1-1-4）。

图1-1-2 主料

003

图 1-1-3 辅料

图 1-1-4 调料

二、制作流程识读

加工肉片→腌制→瓤制→裹面包糠→炸制→改刀装盘。

三、技术要点解析

1. 瓤制馅料时需要充分包紧，以防止烹调过程松散。
2. 炸制时需要控制油温在150℃至180℃之间，炸制猪排浮上油面即可。

四、依据步骤与图示制作

步骤1：猪里脊片开后锤薄，用白兰地、黑胡椒和盐腌制备用（见图1-1-5）。

步骤2：腌好的猪肉两面分开，依次铺上芝士片、火腿片、芝士片，再合上猪肉片包紧（见图1-1-6）。

步骤3：鸡蛋打散，将包好的猪肉块先均匀裹上生粉后裹上蛋液（见图1-1-7），再裹上黄面包糠（见图1-1-8）。

步骤4：起锅烧油，5成油温下入裹好面包糠的猪排炸制金黄（见图1-1-9）。

步骤5：将猪排改刀（见图1-1-10），装入盘中，挤上番茄酱并点缀苦苣即可出品。

图 1-1-5 腌制

图 1-1-6 卷制成品

图 1-1-7 裹上蛋液

图 1-1-8 裹上面包糠

图 1-1-9 炸制

图 1-1-10 改刀

五、拓展创新探究

炸火腿奶酪猪排是一道油炸菜肴，为丰富口感可以搭配酸甜开胃的酱汁进行食用，可以起到解腻的作用，如搭配塔塔酱或者番茄酱等。

知识链接

西餐"炸"制技法

1. 概念：炸是把加工成形的原料经调味并裹上保护层后，放入油锅中（油要浸没原料），加热至成熟并上色的烹调方法。炸的传热介质是油，传热形式是对流与传导。常用的炸制方法有两种：

（1）在原料表层沾匀面粉，裹上鸡蛋液，再沾上面包糠，然后进行炸制。

（2）在原料表层裹上面糊，然后进行炸制。

2. 特点：由于炸制的菜肴是在短时间内用较高的温度加热成熟的，这样原料表层可结成硬壳，而原料内部仍保持充足的水分，所以炸制菜肴都具有外焦里嫩或焦脆的特点。

3. 适用范围：由于炸制的菜肴要求原料在短时间内成熟，所以炸的方法适宜制作粗纤维少、水分充足、质地脆嫩、易成熟的原料，如鱼虾类、嫩肉等。

综合评价

生产制作完成后，由你本人、你所在的小组其他成员和生产制作指导老师组成综合性评价小组，依据标准填写下列评价表。

"炸火腿奶酪猪排"实训综合评价表

评价主体	评价要素								
	实施前		实施中			实施后		合计	
	资料查找 10%	项目分析 20%	原料准备 10%	生产规范 20%	成品质量 15%	清洁卫生 15%	实训报告 10%	100%	比例	分值
自我评价									30%	
小组评价									30%	
老师评价									40%	
总分									100%	

项目 2

芝士焗猪排

芝士焗猪排
操作视频

项目目标

1. 知道制作芝士焗猪排所需的主辅料、调料，并能按标准选用。
2. 掌握芝士焗猪排生产制作步骤、成品质量标准和安全操作注意事项。
3. 能按照企业厨房生产管理有关规定，依据项目实施说明做好各项准备，在团队成员相互配合下独立完成芝士焗猪排的生产制作。
4. 深入理解"劳动精神"，提升珍惜劳动成果、养成良好卫生习惯意识。

* * * * * *

项目分析

芝士焗猪排（见图 1-2-1）具有"芝香浓郁，口味酸甜咸鲜"的特点，芝士焗猪排一般会搭配意大利面或者以米饭垫底来成菜，并通过番茄酱和芝士的结合，以体现西餐焗类菜肴的经典口味。为高质量地完成本项目，各学员不仅要做好准备，还应认真分析以下几个核心问题：

图 1-2-1 芝士焗猪排成品图

1. 焗制前，猪排需如何加工？_____
2. 焗制的温度应在什么范围？焗制时间多长？_____
3. 为顾客上菜时有哪些方面需要注意？_____
4. 装盘时需要注意什么？_____

* * * * * *

项目实施

一、主辅料、调料识别与准备

主料：猪里脊肉 200g，意大利面条（简称"意面"）150g（见图 1-2-2）。

辅料：马苏里拉芝士碎 50g，番茄 100g，葱头末 40g，大蒜末 30g（见图 1-2-3）。

调料：黄油 50g，盐 2g，番茄酱 30g，干红葡萄酒 100ml，糖 5g，罗勒 3g，胡椒粉 1g（见图 1-2-4）。

图 1-2-2　主料　　　　　　　图 1-2-3　辅料　　　　　　　图 1-2-4　调料

二、制作流程识读

腌制→番茄切丁→制作酱汁→煮制意面→煎制猪排→切制猪排→装盘→焗制成菜。

三、技术要点解析

1. 猪排优选含有较多"雪花"的瘦肉。
2. 制作酱汁时，应按照标准熬制足够的时间，确保味道醇厚。

四、依据步骤与图示制作

步骤1：把猪里脊肉加工成厚片，撒匀盐、胡椒粉并用部分干红葡萄酒腌制（见图1-2-5）。

步骤2：番茄切丁（见图1-2-6），用黄油把葱头末、大蒜末炒香，放入番茄、番茄酱、干红葡萄酒、罗勒、盐、糖、胡椒粉炒透成酱备用。

步骤3：意面煮好后，加入部分制好的酱汁炒拌均匀后放入器皿中做底，再盖上剩下酱料（见图1-2-7）。

步骤4：用黄油把腌制好的猪排煎上色（见图1-2-8），煎好的猪排改刀切块码在意面上（见图1-2-9），再撒上马苏里拉芝士碎。

步骤5：放入焗炉（见图1-2-10），焗至芝士表面上色即可。

图 1-2-5　腌制　　　　　　　图 1-2-6　番茄切丁　　　　　　图 1-2-7　酱料淋意面

图 1-2-8　煎制猪排　　　　　图 1-2-9　猪排码在意面上　　　图 1-2-10　焗制

五、拓展创新探究

芝士在西餐中的应用非常广泛，特别是焗制类菜肴，较为常见的是番茄和芝士的搭配。如食谱所示，把意大利面换成米饭即可制成芝士猪排焗饭，把猪排换成牛排即可制成芝士焗牛排等。

知识链接

西餐焗制技巧

1. 选材讲究：在焗制过程中，选用适合焗制的食材非常关键。一般而言，肉类、海鲜和蔬菜都是焗制的常用材料。在选材时，要注重其质地和水分含量。

2. 腌制提味增鲜：对于肉类和海鲜来说，腌制是提升口感和增加风味的重要步骤。通过腌制，食材能够充分吸收腌料的味道，并且在焗制过程中更加美味。

3. 焗制时间与温度：适当的温度能够使食材表面变得酥脆，而过长的时间则会导致食材变硬。

（1）焗制时间：焗制时间应根据食材的种类和大小而有所不同。一般来说，牛排、鱼类等肉类需要焗制10~15分钟，而蔬菜需要更长的时间，约20~30分钟。在焗制的过程中，可以根据食材的情况适当调整时间，以保证食材焗制均匀。

（2）焗制温度：在焗制之前，要先预热烤箱至适宜的温度，一般为200℃左右。预热能够使食材迅速受热，从而保持外酥里嫩的口感。

综合评价

生产制作完成后，由你本人、你所在的小组其他成员和生产制作指导老师组成综合性评价小组，依据标准填写下列评价表。

"芝士焗猪排"实训综合评价表

评价主体	评价要素								比例	分值
	实施前		实施中			实施后		合计		
	资料查找 10%	项目分析 20%	原料准备 10%	生产规范 20%	成品质量 15%	清洁卫生 15%	实训报告 10%	100%		
自我评价									30%	
小组评价									30%	
老师评价									40%	
总　分									100%	

项目 3

勃艮第红酒炖牛肉

勃艮第红酒炖牛肉
操作视频

项目目标

1. 知道制作勃艮第红酒炖牛肉所需的主辅料、调料,并能按标准选用。
2. 掌握勃艮第红酒炖牛肉生产制作步骤、成品质量标准和安全操作注意事项。
3. 能按照企业厨房生产管理有关规定,依据项目实施说明做好各项准备,在团队成员相互配合下独立完成勃艮第红酒炖牛肉的生产制作。
4. 加强对"创新精神"的理解。

* * * * * *

项目分析

勃艮第红酒炖牛肉(见图1-3-1)具有"牛肉十分嫩滑、酒香味浓郁"的特点,是一道著名的法式菜肴,以其低酸度、浓郁的味道而闻名。这道菜发源于勃艮第地区,是传统法国菜中的经典菜肴之一,也是世界上最受欢迎的菜肴之一。这道菜的制作特点是使用勃艮第红酒、高汤和辛香料将牛肉块焗烤长达3小时以上。为高质量地完成本项目,各学员不仅要做好准备,还应认真分析以下几个核心问题:

图 1-3-1 勃艮第红酒炖牛肉成品图

1. 制作此菜,最适宜选用什么部位的牛肉?_____
2. 勃艮第地区所产红酒有什么品质特点?_____
3. 勃艮第地区菜肴有什么特点?_____
4. 烹饪过程中如何防止酱汁过度蒸发?_____

* * * * * *

项目实施

一、主辅料、调料识别与准备

主料:牛肉块 200g(见图 1-3-2)。

辅料:西芹块 40g,胡萝卜块 50g,洋葱块 40g,培根片 30g,口蘑块 60g,面粉 5g(见图 1-3-3)。

调料:黄油 20g,精盐 2g,黑胡椒碎 1g,香叶 2 片,牛高汤 200ml,勃艮第红酒 100ml,番茄酱 35g，蒜末 8g，鲜百里香 2g（见图 1-3-4）。

图 1-3-2　主料

图 1-3-3　辅料

图 1-3-4　调料

二、制作流程识读

炒培根→煎制牛肉→炒制蔬菜→主辅原料放入炖锅→放入烤箱焗制→文火炖制→煎制口蘑→调味→装盘。

三、技术要点解析

1. 选用牛肩胛肉、牛胸肉、牛后胸肉、牛腩肉或牛腱肉为佳，这一类牛肉经过数小时焖炖后，脂肪中的胶原蛋白会慢慢转化为天然的胶质，使得即便肌肉纤维中的水分流失后牛肉口感依然筋道多汁。

2. 牛肉中的胶原蛋白需要一定时间和温度才能瓦解，所以在制作炖肉时要把握好温度和时间。这个过程中最讲究的是最大可能保留肉汁的同时让结缔组织胶质化。

四、依据步骤与图示制作

步骤1：锅中放入黄油，将培根片炒香脆后捞出；原锅放入牛肉煎制（见图1-3-5）、上色后取出；原锅中再放入西芹、胡萝卜、洋葱炒香（见图1-3-6）。

步骤2：将炒好的原料放入炖锅中，加入煎好的牛肉，放入培根片、精盐、黑胡椒碎、面粉拌匀，放入170℃的烤箱中焗制（见图1-3-7）约5分钟后取出。

步骤3：锅中加入香叶、牛高汤、勃艮第红酒、番茄酱、蒜末、鲜百里香拌匀，文火炖3小时至牛肉软糯（见图1-3-8）。

步骤4：锅中加入黄油，融化后加入蒜末炒香，放入口蘑块煎制（见图1-3-9），用黑胡椒碎和盐调味，炒熟后倒入锅中拌匀。

步骤5：将炖好的菜肴盛入盛菜碟中（见图1-3-10），稍微点缀即可上菜。

图 1-3-5　煎牛肉

图 1-3-6　炒蔬菜

图 1-3-7　焗制

| 图 1-3-8 文火炖制 | 图 1-3-9 煎口蘑 | 图 1-3-10 装盘 |

五、拓展创新探究

在烹饪过程中，如果希望口味更加丰富或者酸度更低，可以在烹饪过程中添加更多的红酒或者其他调味品，比如番茄酱、迷迭香、罗勒叶等，以满足消费者多样化的口味需求。

知识链接

勃艮第葡萄酒

1. **历史渊源**：勃艮第葡萄酒产区已有数千年的历史，生产一些国际知名的葡萄酒。该地区的葡萄种植于罗马时期，然后由勃艮第的僧侣和公爵开发。在法国大革命之后，该葡萄种植区继续发展。今天，勃艮第葡萄酒出色的品质依然在传承。

2. **主要产区**：依据葡萄原产地和品质，勃艮地产区可分为五种法定产区：大区域法定产区、较细区域法定产区、村庄法定产区、一级葡萄园和特级葡萄园。

3. **酒品特点**：勃艮第地区的葡萄酒以单一葡萄品种酿造，红酒主要是由黑比诺酿制，酿成的红葡萄酒以樱桃、草莓、山果等红色水果的活跃味道著称，其单宁较弱，但结构饱满，有些名酒的窖藏时间可以同波尔多的"五大名庄"一争高下。

综合评价

生产制作完成后，由你本人、你所在的小组其他成员和生产制作指导老师组成综合性评价小组，依据标准填写下列评价表。

"勃艮第红酒炖牛肉"实训综合评价表

评价主体	评价要素								比例	分值
	实施前		实施中			实施后		合计		
	资料查找 10%	项目分析 20%	原料准备 10%	生产规范 20%	成品质量 15%	清洁卫生 15%	实训报告 10%	100%		
自我评价									30%	
小组评价									30%	
老师评价									40%	
总分									100%	

项目 4

西冷牛排主菜配黑椒汁

西冷牛排主菜配黑椒汁操作视频

项目目标

1. 知道制作西冷牛排主菜配黑椒汁所需的主辅料、调料,并能按标准选用。
2. 掌握西冷牛排主菜配黑椒汁生产制作步骤、成品质量标准和安全操作注意事项。
3. 能按照企业厨房生产管理有关规定,依据项目实施说明做好各项准备,在团队成员相互配合下独立完成西冷牛排主菜配黑椒汁的生产制作。
4. 提升对餐饮职业工作的热爱,发挥"爱"的力量,激发"奉献精神"。

✳ ✳ ✳ ✳ ✳ ✳

项目分析

西冷牛排主菜配黑椒汁(见图1-4-1)具有"口味咸鲜、香味浓郁"的特点,制作此菜选用西冷牛排,肉质厚实饱满,口感略有嚼劲。同时,本道菜肴是2023年全国职业院校技能大赛烹饪赛项中基本功比赛内容,主料、辅料的选用均是按照竞赛的基本要求搭配设计,在制作中可灵活调整。为高质量地完成本项目,各学员不仅要做好准备,还应认真分析以下几个核心问题:

图1-4-1 西冷牛排主菜配黑椒汁成品图

1. 比赛方案中此菜的考核要点有哪些?_____
2. 牛排主菜还可以通过哪些方式呈现?_____
3. 煎制牛排的关键有哪些?_____
4. 装盘时需要注意什么?_____

✳ ✳ ✳ ✳ ✳ ✳

项目实施

一、主辅料、调料识别与准备

主料:西冷牛排300g(见图1-4-2)。
辅料:土豆30g,胡萝卜50g,西蓝花50g,圣女果2个(见图1-4-3)。
调料:黄油50g,黑胡椒碎20g,面酱20g,盐2g,糖5g,干葱末15g,蒜末10g,香叶1片,基础汤50ml,红葡萄酒50ml,淡奶油20ml,番茄酱20g(见图1-4-4)。

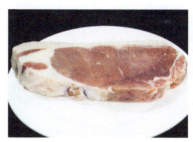
图 1-4-2 主料

图 1-4-3 辅料

图 1-4-4 调料

二、制作流程识读

腌制牛排→加工配菜→煎制牛排→熬制酱汁→装盘。

三、技术要点解析

1. 牛排不宜采用微波、水泡等方式解冻。
2. 牛排腌制时间不宜过长，一般控制在 10 分钟以内。

四、依据步骤与图示制作

步骤1：西冷牛排用盐、黑胡椒碎、红葡萄酒腌制10分钟左右（见图1-4-5）。

步骤2：土豆、胡萝卜修成橄榄形，西蓝花、圣女果焯水备用（见图1-4-6）。

步骤3：热锅下入黄油，煎制牛排（见图1-4-7），煎至顾客需要的成熟度即可。

步骤4：焯好水的配菜下入锅中一起煎扒调味备用（见图1-4-8）。

步骤5：锅洗净烧热后下入黑胡椒碎，炒香后加入黄油、蒜末、干葱末炒透（见图1-4-9），再依次下入基础汤、淡奶油、番茄酱、香叶，烧开后下入面酱收至浓稠，下入少许盐、糖调味备用。

步骤6：酱汁画盘，把煎好的牛排醒肉，先把配菜摆盘，最后摆上牛排、淋上酱汁即可完成出品（见图1-4-10）。

图 1-4-5 腌制牛排

图 1-4-6 初步处理成品

图 1-4-7 煎制牛排

图 1-4-8 放入蔬菜

图 1-4-9 煮制黑椒汁

图 1-4-10 装盘

五、拓展创新探究

牛排品类很多，根据牛肉的不同部位来进行区分。如想要口感比较软嫩的，则可以选用牛里脊肉，也就是菲力牛排。此外，还有肉眼牛排、上脑牛排等，采用同样的方法进行烹调，搭配新配菜，可以获得新品。

知识链接

西冷牛排科普

西冷牛排（Sirloin），主要是由上腰部的脊肉构成。西冷牛排按质量的不同又可分为小块西冷牛排（Entrecote）和大块西冷牛排（Sirloin steak）。

1. 特点："Sirloin"是法语 Sur（上）和 Loin（柳肉）合成的词，即牛柳上方的肉，每份在 250~300g。西冷牛排肥瘦相间，口感鲜嫩，略带嚼劲。

2. 烹饪技巧：烹饪时应选择，厚底不粘锅；西冷牛排的厚度在 2cm 左右为佳；选用优质黄油煎制，可以增加香味；配菜用水焯一下后再进行高温煎制，最后浇上酱汁；煎锅的温度要高些，既要能够将牛肉表面迅速加热，产生大量的香料分子，又不能使肉质的细胞壁破裂。

3. 适宜人群：西冷牛排由于是牛外脊，在肉的外沿带有一圈白色的肉筋，总体口感韧度强、肉质硬、有嚼头；切肉时连筋带肉一起切，不能煎得过熟，适合年轻人食用。

综合评价

生产制作完成后，由你本人、你所在的小组其他成员和生产制作指导老师组成综合性评价小组，依据标准填写下列评价表。

"西冷牛排主菜配黑椒汁"实训综合评价表

评价主体	评价要素							比例	分值
	实施前		实施中		实施后		合计		
	资料查找 10%	项目分析 20%	原料准备 10%	生产规范 20%	成品质量 15%	清洁卫生 15%	实训报告 10%	100%		
自我评价									30%	
小组评价									30%	
老师评价									40%	
总　分									100%	

项目 5

匈牙利烩牛肉

匈牙利烩牛肉
操作视频

项目目标

1. 知道制作匈牙利烩牛肉所需的主辅料、调料,并能按标准选用。
2. 掌握匈牙利烩牛肉生产制作步骤、成品质量标准和安全操作注意事项。
3. 能按照企业厨房生产管理有关规定,依据项目实施说明做好各项准备,在团队成员相互配合下独立完成匈牙利烩牛肉的生产制作。
4. 培养学生"踔厉奋发、勇毅前行"的姿态,在新时代谱写新篇章。

✶ ✶ ✶ ✶ ✶ ✶

项目分析

匈牙利烩牛肉(见图1-5-1)具有"香味浓郁、口感软嫩、口味酸辣"的特点。在匈牙利,几乎每个家庭和厨师都有一份自创的烩牛肉菜谱,从原料、食材到烹饪方法都各有不同。此菜是匈牙利代表性菜肴之一,由于匈牙利菜肴兼有东、西方饮食特色和在色、香、味上的独到之处,因此在国际上获得很高评价。为高质量地完成本项目,各学员不仅要做好准备,还应认真分析以下几个核心问题:

图1-5-1 匈牙利烩牛肉成品图

1. 查询资料,匈牙利菜肴的风味特点有哪些?_____
2. "烩"制技法的运用特点有哪些?_____
3. 匈牙利红椒粉是用什么食材加工而成的?_____
4. 装盘时需要注意什么?_____

✶ ✶ ✶ ✶ ✶ ✶

项目实施

一、主辅料、调料识别与准备

主料:牛肉200g(见图1-5-2)。
辅料:洋葱30g,黄甜椒30g,红甜椒30g,胡萝卜150g,番茄100g,口蘑50g(见图1-5-3)。
调料:色拉油20ml,红葡萄酒50ml,香叶3片,百里香0.5g,黄油面酱15g,番茄酱30g,嫩肉粉1g,盐2g,红椒粉1g,黑胡椒粉2g,牛尾汤50ml,白兰地酒20ml(见图1-5-4)。

图 1-5-2 主料

图 1-5-3 辅料

图 1-5-4 调料

二、制作流程识读

牛肉切块→腌制牛肉→切制蔬菜→煮胡萝卜→煮制酱汁→煎制牛肉→烩制→装盘。

三、技术要点解析

1. 此菜中的红椒粉属于甜椒粉，这种红椒粉和中餐里的辣椒粉有较大的差异，一般用它来提色增香并可增加一点辣味。

2. 西餐不用淀粉增稠，此菜汤汁较多，可以用黄油面酱增稠。

3. 烩制时应恰当控制火力的大小，防止汤汁过分蒸发。

四、依据步骤与图示制作

步骤 1：将牛肉放在砧板上用肉锤拍松，然后将牛肉切成 3cm 见方的块，用盐、黑胡椒、白兰地酒腌制（见图 1-5-5），腌制约 20 分钟。

步骤 2：各类蔬菜分别切块备用（见图 1-5-6）。

步骤 3：水锅中加入盐、油，烧至沸腾后放入胡萝卜块煮熟捞出（见图 1-5-7）。

步骤 4：锅烧热后放入适量的油，加入番茄酱炒香后放入百里香、香叶、红椒粉、番茄块、胡萝卜块、口蘑块炒制（见图 1-5-8），然后加入牛尾汤及适量清水，煮沸后转小火慢煮约 10 分钟。

步骤 5：再加入红甜椒、黄甜椒、洋葱片后用盐、黑胡椒粉调味，加入红葡萄酒继续煮约 5 分钟，然后用黄油面酱调节稠度至浓稠状（见图 1-5-9）。

步骤 6：将腌制好的牛肉放入锅中煎至 6 成熟捞出（见图 1-5-10），倒入酱汁中，烩制 5 分钟即可离火装盘，稍加点缀即完成出品。

图 1-5-5 腌制牛肉

图 1-5-6 辅料刀工成品

图 1-5-7 胡萝卜焯水成品

图 1-5-8　炒制蔬菜　　　　图 1-5-9　煮制酱汁　　　　图 1-5-10　煎制牛肉

五、拓展创新探究

烩制类菜肴汤汁浓郁、口味鲜美、选料广泛，例如本道菜肴中，把里面的牛肉换成其他肉类便可得到不同风味的烩制菜肴，例如红酒烩兔肉等。

知识链接

匈牙利美食文化特点

匈牙利美食以其独特的风味和多样性而闻名于世，是欧洲传统美食的一个典范，融合了多个文化的特色。

1. 传统菜肴：匈牙利传统菜肴丰富多样，其中最著名的是"Goll lash"，它是一道以牛肉为主要成分的炖菜。此外，匈牙利的传统菜肴还包括"炖肉煮菜""鹅肝""土豆饼"等，每道菜都具有独特的风味和工艺。

2. 辣椒的重要性：辣椒是匈牙利美食文化中不可或缺的一部分。匈牙利的辣椒品种丰富，从甜辣椒到超辣辣椒，可以满足不同口味的需求。辣椒不仅用于调味，还作为主要成分出现在许多菜品中。

综合评价

生产制作完成后，由你本人、你所在的小组其他成员和生产制作指导老师组成综合性评价小组，依据标准填写下列评价表。

"匈牙利烩牛肉"实训综合评价表

评价主体	评价要素								比例	分值
	实施前		实施中			实施后		合计		
	资料查找 10%	项目分析 20%	原料准备 10%	生产规范 20%	成品质量 15%	清洁卫生 15%	实训报告 10%	100%		
自我评价									30%	
小组评价									30%	
老师评价									40%	
总　分									100%	

项目 6

威灵顿牛排

项目目标

1. 知道制作威灵顿牛排所需的主辅料、调料,并能按标准选用。
2. 掌握威灵顿牛排生产制作步骤、成品质量标准和安全操作注意事项。
3. 能按照企业厨房生产管理有关规定,依据项目实施说明做好各项准备,在团队成员相互配合下独立完成威灵顿牛排的生产制作。
4. 进一步理解"自信自强"对个人成长和铸就社会主义文化新辉煌的意义。

✷ ✷ ✷ ✷ ✷ ✷

项目分析

威灵顿牛排(见图1-6-1)具有"外酥里嫩、咸香可口、层次分明"的特点,威灵顿牛排名字的由来据传是为了纪念滑铁卢战役的英雄"威灵顿公爵"。据传,1450年法国人就发明了"肉派",就是用刀将肉剁碎放入起酥皮中烤制,这便是"威灵顿牛排"最早的做法。为高质量地完成本项目,各学员不仅要做好准备,还应认真分析以下几个核心问题:

图 1-6-1 威灵顿牛排成品图

1. 菲力牛排的质量标准是什么?_____
2. 查询资料,了解此菜的历史文化背景。_____
3. 焗制的温度与时间在什么范围?_____
4. 制作酥皮的关键是什么?_____

✷ ✷ ✷ ✷ ✷ ✷

项目实施

一、主辅料、调料识别与准备

主料: 菲力牛排(牛柳)400g,鲜褐菇150g,帕尔玛火腿片50g(见图1-6-2)。

辅料: 酥皮2张,洋葱末50g,百里香10g,蒜末20g,蛋黄2个(见图1-6-3)。

调料: 红葡萄酒100ml,橄榄油30ml,黄油50g,布朗基础汤30ml,低筋面粉20g,黄芥末酱30g,黑胡椒碎2g,盐1g(见图1-6-4)。

图 1-6-2　主料　　　　　　　　图 1-6-3　辅料　　　　　　　　图 1-6-4　调料

二、制作流程识读

腌制牛排→炒制蔬菜→煎制牛排→冷藏牛排→制卷→冷藏→刷蛋液→烤制→"醒肉"→调酱汁→装盘。

三、技术要点解析

1. 在选择牛排时，要选择肉质鲜嫩、纹理清晰、脂肪分布均匀的牛排。

2. 香料包通常包括迷迭香、百里香、黑胡椒、大蒜等原料，这些香料可以给牛排提供特殊的香味和口感。

3. 制作蓬松有层次的奶油酥皮，需在揉面团时加入奶油或黄油，再擀平、摺叠与转向，并且需要冷藏，才能做出最佳效果。

四、依据步骤与图示制作

步骤1：牛排吸干水分加入盐、黑胡椒碎腌制10分钟备用（见图1-6-5）。

步骤2：鲜褐菇切末，与洋葱末、蒜末、百里香一起放入锅中炒香炒干（见图1-6-6）。

步骤3：牛排煎上色后取出，刷上黄芥末酱后裹上保鲜膜（见图1-6-7），冷藏1小时；取一张酥皮擀薄后刷上蛋黄液，均匀地铺上帕尔玛火腿片，再均匀铺上炒好的蔬菜（见图1-6-8），放上牛排，再卷上保鲜膜继续冷藏1小时。

步骤4：将冷藏好的牛排卷取出放在烤盘上，在酥皮上均匀涂上蛋黄液；再另取一张网状酥皮盖在牛排卷上，塑形后再次刷上蛋液（见图1-6-9），放入烤箱用210℃的温度烤25分钟即可取出醒肉。

步骤5：用20g黄油将面粉炒成面酱取出，热锅加入红葡萄酒、布朗基础汤，加入面酱增稠后用盐调味，搅拌成酱汁（见图1-6-10）。将酱汁淋满盘底，将烤好的牛排切件摆盘即可。

图 1-6-5　腌制牛排　　　　　图 1-6-6　炒制馅料　　　　　图 1-6-7　裹上保鲜膜

图 1-6-8 酥皮放入馅料

图 1-6-9 酥皮包制牛肉

图 1-6-10 调制酱汁

五、拓展创新探究

威灵顿牛排是一道以菲力牛排或牛柳为主料制成的牛肉主菜，搭配香菇、火腿、酥皮等，菜品外酥里嫩，咸香可口，同时牛柳也可以直接煎制成菜。

知识链接

威灵顿牛排知识百科

威灵顿牛排（Wellington Steak）因音译关系，也被称作惠灵顿牛排，俗称"酥皮焗牛排"。

1. 原料选用：威灵顿牛排所用的牛肉选用三大经典牛排部位之一的菲力，在我国称为牛里脊，或者叫牛柳。

2. 风味口感：牛排口感软糯、粉嫩多汁，蘑菇酱香味浓郁，火腿的加入给牛排增添了别致的风味。

综合评价

生产制作完成后，由你本人、你所在的小组其他成员和生产制作指导老师组成综合性评价小组，依据标准填写下列评价表。

"威灵顿牛排"实训综合评价表

评价主体	评价要素								比例	分值
	实施前		实施中			实施后		合计		
	资料查找 10%	项目分析 20%	原料准备 10%	生产规范 20%	成品质量 15%	清洁卫生 15%	实训报告 10%	100%		
自我评价									30%	
小组评价									30%	
老师评价									40%	
总 分									100%	

项目 7

铁扒西冷配辣根汁

铁扒西冷配辣根汁
操作视频

项目目标

1. 知道制作铁扒西冷配辣根汁所需的主辅料、调料,并能按标准选用。
2. 掌握铁扒西冷配辣根汁生产制作步骤、成品质量标准和安全操作注意事项。
3. 能按照企业厨房生产管理有关规定,依据项目实施说明做好各项准备,在团队成员相互配合下独立完成铁扒西冷配辣根汁的生产制作。
4. 理解"不忘初心、牢记使命"与个人职业生涯发展的密切关系。

* * * * * *

项目分析

铁扒西冷配辣根汁(见图1-7-1)具有"肉香浓郁、口感醇厚、口味咸鲜"的特点。西冷牛排,即牛柳上方的肉,因牛上腰部运动量较多,故此部位肉质嚼劲十足。为高质量地完成本项目,各学员不仅要做好准备,还应认真分析以下几个核心问题:

图1-7-1 铁扒西冷配辣根汁成品图

1. 西冷牛排是牛身上哪个部位的肉?_____
2. 煎制此牛排的关键是什么?_____
3. 装盘时,对盛菜碟有什么要求?_____

* * * * * *

项目实施

一、主辅料、调料识别与准备

主料:厚切西冷牛排300g(见图1-7-2)。

辅料:手指萝卜1根,小青瓜50g,西蓝花30g,芦笋30g(见图1-7-3)。

调料:黄油20g,盐3g,青芥末10g,苹果醋20ml,蛋黄酱20g,黄芥末酱5g,蜂蜜10g,柠檬汁5ml,黑胡椒碎2g(见图1-7-4)。

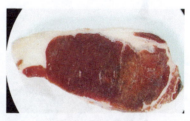

图1-7-2 主料

图 1-7-3 辅料

图 1-7-4 调料

二、制作流程识读

吸水→腌制→调制酱汁→加工蔬菜→煎制牛排→"醒肉"→改刀装盘。

三、技术要点解析

1. 需要选择表面呈现出明显红色和肉质坚实、多汁的牛排。

2. 将牛排从冰箱里取出，让其稍微回温，可以让牛排的肉质更加鲜嫩。

四、依据步骤与图示制作

步骤1：将厚切西冷牛排用厨房纸吸干表面水分，然后用盐和黑胡椒碎涂抹均匀（见图1-7-5），冷藏腌制约10分钟。

步骤2：将蛋黄酱、青芥末、黄芥末酱、柠檬汁、苹果醋和蜂蜜等调制成辣根少司（见图1-7-6）。

步骤3：将手指萝卜去皮改刀成两小段，小青瓜用刨皮刀刨成片，西蓝花切小块，芦笋切段（见图1-7-7），然后将所有的蔬菜焯水捞出，再放入锅中扒熟，调味备用。

步骤4：平底锅烧热后放入黄油，融化后放入腌好的牛排，大火煎制各面锁水上色（见图1-7-8）后放入180℃烤箱（见图1-7-9），烤6分钟后取出，醒肉1分钟备用。

步骤5：醒好的牛排改刀装盘，搭配做好的配菜，淋上酱汁（见图1-7-10）即可完成出品。

图 1-7-5 腌制

图 1-7-6 调制辣根少司

图 1-7-7 配菜刀工成品

图 1-7-8 煎制牛排

图 1-7-9 烤制

图 1-7-10 装盘

五、拓展创新探究

辣根汁味酸辣回甜，适合搭配油脂较多、较为油腻的菜肴，除了搭配牛排，还可以搭配煎鸭胸和羊排等，可以根据不同的消费场景进行适配。

知识链接

芥末小知识

1. **分类**：一般分绿芥末和黄芥末两种。黄芥末源于我国，是由芥菜的种子研磨而成的；绿芥末（青芥辣）源于欧洲，呈绿色，其辛辣气味强于黄芥末，且有一种独特的香气。

2. **口味特点**：芥末微苦，辛辣芳香，对口舌有强烈刺激，味道十分独特。芥末粉润湿后有香气喷出，具有催泪性的强烈刺激性辣味，对味觉、嗅觉均有刺激作用。

3. **烹饪运用**：芥末在西餐中的应用广泛，从开胃菜到主菜，再到甜品，都能看到它的身影。它能够提升食物的口感，增加食欲，同时也能带来独特的味觉享受：在牛排上撒一些黑芥末，能够提升肉质的口感，使牛肉更加鲜嫩多汁；在沙拉中加入一些白芥末，能够为蔬菜带来一丝辣意，增加沙拉的层次感。

4. **使用注意事项**：尽管芥末能为菜品带来丰富的风味，但过量使用可能会使人感到不适，不同品种的芥末适合搭配的食物也不同，了解各种芥末的特点和使用方法，才能更好地发挥其魅力。

综合评价

生产制作完成后，由你本人、你所在的小组其他成员和生产制作指导老师组成综合性评价小组，依据标准填写下列评价表。

"铁扒西冷配辣根汁"实训综合评价表

评价主体	评价要素								比例	分值
	实施前		实施中			实施后		合计		
	资料查找 10%	项目分析 20%	原料准备 10%	生产规范 20%	成品质量 15%	清洁卫生 15%	实训报告 10%	100%		
自我评价									30%	
小组评价									30%	
老师评价									40%	
总　分									100%	

项目 8

迷迭香煎羊排配莎莎酱

迷迭香煎羊排配莎莎酱操作视频

项目目标

1. 知道制作迷迭香煎羊排配莎莎酱所需的主辅料、调料,并能按标准选用。
2. 掌握迷迭香煎羊排配莎莎酱生产制作步骤、成品质量标准和安全操作注意事项。
3. 能按照企业厨房生产管理有关规定,依据项目实施说明做好各项准备,在团队成员相互配合下独立完成迷迭香煎羊排配莎莎酱的生产制作。
4. 进一步明白"谦虚谨慎、艰苦奋斗"是成为高素质技能型人才的重要抓手。

* * * * * *

项目分析

迷迭香煎羊排配莎莎酱(见图 1-8-1)具有"口感层次丰富、香味浓郁、酱汁口味咸酸可口"的特点,此菜采用西餐特色香草——"迷迭香",迷迭香是一种名贵的天然香料植物,生长季节会散发一种清香气味,有清心提神的功效。在西餐中迷迭香是经常使用的香料,在牛排、羊排、土豆等料理以及烤制品中均会用到,在去腥增香的同时还赋予了菜肴更独特的味道。为高质量地完成本项目,各学员不仅要做好准备,还应认真分析以下几个核心问题:

图 1-8-1 迷迭香煎羊排配莎莎酱成品图

1. 新鲜迷迭香与干迷迭香有何区别?_____
2. 煎制羊排的技术要点有哪些?_____
3. 法式羊排以什么品种的羊为佳?_____

* * * * * *

项目实施

一、主辅料、调料识别与准备

主料:带骨羊小排 300g(见图 1-8-2)。

辅料:土豆 50g,手指萝卜 1 根,西蓝花 30g,豌豆 20g,迷迭香 5g,洋葱末 30g,蒜末 15g,番茄碎 30g,番芫荽碎 2g(见图 1-8-3)。

调料:白兰地 15ml,橄榄油 50ml,盐 2g,黑胡椒粉 2g,柠檬汁 10ml(见图 1-8-4)。

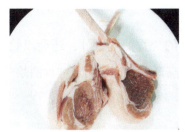
图 1-8-2　主料

图 1-8-3　辅料

图 1-8-4　调料

二、制作流程识读

腌制羊排→加工蔬菜→调制酱汁→煎制羊排→配菜焯水→装盘。

三、技术要点解析

1. 腌制羊排时，可以将羊排放入冰箱冷藏腌制 2 小时左右，可以让羊排更入味。

2. 煎的过程中，要恰当控制火力，避免迷迭香和黑胡椒粉因温度过高而变糊。

四、依据步骤与图示制作

步骤 1：羊排用迷迭香、盐、黑胡椒粉和白兰地进行腌制（见图 1-8-5）。

步骤 2：土豆去皮削成橄榄形、手指萝卜去皮、西蓝花切小块、豌豆洗净，然后放入沸水中焯水至熟后捞出（见图 1-8-6），沥干水分备用。

步骤 3：将洋葱末、蒜末、番茄碎放入盛器中，加上橄榄油、盐、黑胡椒粉、番芫荽碎和柠檬汁调成莎莎酱（见图 1-8-7）。

步骤 4：用橄榄油将羊排煎至上色后转小火慢煎至需要的成熟度（见图 1-8-8）。

步骤 5：锅内下焯好水的配菜，放入盐、黑胡椒粉进行调味（见图 1-8-9）。

步骤 6：把做好的配菜和羊排进行装盘（见图 1-8-10），配上莎莎酱即可上菜。

图 1-8-5　腌制羊排

图 1-8-6　配菜焯水成品

图 1-8-7　莎莎酱成品

图 1-8-8　煎制羊排

图 1-8-9　煎制配餐

图 1-8-10　装盘

五、拓展创新探究

在西餐中，羊肉的运用是非常广泛的。羊肉在烹饪中除了常见的"香煎"以外，还会以烩、炖、烤等方式制作。例如，羊肉搭配红酒烹饪成菜，可采用"烩"的烹饪方法即可制成"红酒烩羊肉"等。

知识链接

法式羊排

"法式"并不是指做法或羊排的来源，而是指羊肉的部位及切法。法式切羊肋排是把肋骨的肥肉剪掉，一头裸露骨头的羊排。

1. 加工方法：羊肋排是整只羊中较优质、昂贵的切块，位于羊颈以下、接近羊身中部位置，这部分切块由 7~9 条肋骨组成。

2. 历史渊源：法式羊排的出名跟法国大有关系，相传在中世纪，法国国王对羊肉情有独钟，几乎每顿午饭都要吃羊肉。他的御用厨师发明的法式香煎羊排，受到了国王的喜爱，因此成为宫廷里的名菜，到十八世纪开拓新大陆的时候，香煎羊排成为风靡欧洲的食物。

3. 常用香料搭配：想要制作美味可口的羊排，除了要注意烹调方法之外，香料的搭配也非常重要。常用的香料有三种，即鼠尾草、迷迭香、百里香。这些香料搭配上蒜头，不管是腌料、煎料都可以运用。没有使用这三种香料，羊排也就少了点味道。

综合评价

生产制作完成后，由你本人、你所在的小组其他成员和生产制作指导老师组成综合性评价小组，依据标准填写下列评价表。

"迷迭香煎羊排配莎莎酱"实训综合评价表

评价主体	评价要素									比例	分值
	实施前		实施中			实施后		合计		
	资料查找 10%	项目分析 20%	原料准备 10%	生产规范 20%	成品质量 15%	清洁卫生 15%	实训报告 10%	100%		
自我评价									30%	
小组评价									30%	
老师评价									40%	
总　分									100%	

项目 9

爱尔兰炖羊肉

爱尔兰炖羊肉
操作视频

项目目标

1. 知道制作爱尔兰炖羊肉所需的主辅料、调料,并能按标准选用。
2. 掌握爱尔兰炖羊肉生产制作步骤、成品质量标准和安全操作注意事项。
3. 能按照企业厨房生产管理有关规定,依据项目实施说明做好各项准备,在团队成员相互配合下独立完成爱尔兰炖羊肉的生产制作。
4. 将"脚踏实地、敢想敢为"理念作为锻炼自身专业技能的突破口。

* * * * * *

项目分析

爱尔兰炖羊肉(见图1-9-1)具有"口感软糯、香味浓郁、色彩艳丽"的特点,此菜是一道非常受欢迎的传统菜肴,主要由羊颈肉、土豆、洋葱、胡萝卜和香料炖制而成。其历史可以追溯到中世纪,是爱尔兰家庭必备的料理。此菜很好地吸收和保留了羊肉与配菜的营养价值,因此本道菜品不仅口味鲜美,还有很高的营养价值和食疗作用。为高质量地完成本项目,各学员不仅要做好准备,还应认真分析以下几个核心问题:

图1-9-1 爱尔兰炖羊肉成品图

1. 查询资料,了解爱尔兰菜肴的风味特点。_____
2. 制作此菜宜采用什么部位的羊肉？_____
3. 西餐"炖"制与中餐"炖"制技法上有何区别？_____
4. "炖"此菜的关键有哪些？_____

* * * * * *

项目实施

一、主辅料、调料识别与准备

主料：羊肉300g(见图1-9-2)。

辅料：培根1片,蒜末20g,洋葱50g,胡萝卜100g,西芹50g,土豆150g,百里香10g,香叶2片(见图1-9-3)。

调料：白葡萄酒50ml,牛尾高汤30ml,黄油面酱20g,盐2g,糖5g,黑胡椒粉2g(见图1-9-4)。

图 1-9-2　主料

图 1-9-3　辅料

图 1-9-4　调料

二、制作流程识读

刀工处理→腌制羊肉→煎制羊肉→炖制羊肉→调味→装盘。

三、技术要点解析

1. 如果需要浓稠的口感，可以尝试加入一些大麦，增加额外的味道。

2. 先炖肉后煮蔬菜，按照顺序来制作就会有口感合适的肉块和足味的肉汤，根茎菜的口感也可以轻松控制。

3. 使用铸铁锅或砂锅炖煮时需要有足够小的火力或用烤箱加热，很小火力即可保持微沸，若看见明显有蒸汽喷出则表示火力过大。

四、依据步骤与图示制作

步骤1：培根切丁，洋葱一部分切碎另外一部分切大块，胡萝卜和土豆去皮洗净后切滚刀块，西芹切段（见图1-9-5）。

步骤2：将羊肉放在砧板上切大块，放入盛器中用盐、黑胡椒粉和少量白葡萄酒抓拌均匀（见图1-9-6），净置约10分钟。

步骤3：将锅烧热后把羊肉煎至上色取出（见图1-9-7），锅内留少量油。

步骤4：下入洋葱丁、蒜末，培根炒制金黄后下入羊肉翻炒均匀，加入牛尾高汤和没过羊肉的清水，烧开后倒入汤锅中，盖上盖子炖煮1.5小时（见图1-9-8）。

步骤5：煮好的羊肉汤锅下入备好的胡萝卜、土豆、西芹、洋葱、百里香、白葡萄酒和香叶、盐、糖、黑胡椒粉继续炖煮（见图1-9-9），约20分钟后倒入黄油面酱煮至汁水浓稠。

步骤6：将炖好的羊肉舀入盛器中（见图1-9-10），稍加点缀即可。

图 1-9-5　切制配菜成品

图 1-9-6　腌制羊肉

图 1-9-7　煎制羊肉

图 1-9-8 炖制羊肉

图 1-9-9 加入蔬菜炖制

图 1-9-10 装盘

五、拓展创新探究

炖菜类菜肴不仅味道鲜美，同时能很好地保留菜肴的营养，因此可以运用在不同的食材中，例如萝卜炖牛腩则是以萝卜、牛腩为主料制作而成的一道西餐炖菜。

知识链接

著名的爱尔兰美食

爱尔兰，这个位于欧洲西北部的国家以其宏伟的自然景观和独特的文化而闻名。此外，爱尔兰还有着丰富多样的美食传统。

1. **爱尔兰炖菜**：爱尔兰炖菜是爱尔兰最著名的菜肴之一，它由羊肉、土豆、洋葱和胡萝卜等食材组成，慢慢地炖煮而成。爱尔兰炖菜的特点是简单而美味，营养丰富。

2. **爱尔兰苏打面包**：爱尔兰苏打面包是爱尔兰传统面包之一，它由面粉、苏打粉、酪乳和盐等简单的食材制作而成。这种面包口感松软，外酥内软，搭配牛油食用更加美味。

3. **爱尔兰咖啡**：爱尔兰咖啡是一种经典的鸡尾酒式咖啡，它由爱尔兰威士忌、糖、咖啡和鲜奶油组成。爱尔兰咖啡以其浓郁的威士忌味道和丰富的口感而闻名。

综合评价

生产制作完成后，由你本人、你所在的小组其他成员和生产制作指导老师组成综合性评价小组，依据标准填写下列评价表。

"爱尔兰炖羊肉"实训综合评价表

评价主体	评价要素								比例	分值
	实施前		实施中			实施后		合计		
	资料查找 10%	项目分析 20%	原料准备 10%	生产规范 20%	成品质量 15%	清洁卫生 15%	实训报告 10%	100%		
自我评价									30%	
小组评价									30%	
老师评价									40%	
总 分									100%	

项目 10

红酒烩兔肉

红酒烩兔肉
操作视频

项目目标

1. 知道制作红酒烩兔肉所需的主辅料、调料，并能按标准选用。
2. 掌握红酒烩兔肉生产制作步骤、成品质量标准和安全操作注意事项。
3. 能按照企业厨房生产管理有关规定，依据项目实施说明做好各项准备，在团队成员相互配合下独立完成红酒烩兔肉的生产制作。
4. 深刻体会"绿色发展"理念，务必勤俭节约、避免浪费。

✶ ✶ ✶ ✶ ✶ ✶

项目分析

红酒烩兔肉（见图 1-10-1）具有"口感软糯、酒香浓郁"的特点。在西餐中，兔肉是常见的食材，尤其在法国和意大利，兔肉菜品各式各样。因兔肉脂肪较少，通常用来做烩菜，如猎人烩兔肉、意式兔肉酱千层面等。制作本道菜品时加入了红酒、胡萝卜、洋葱等时蔬，营养搭配合理，适合各类人群食用。为高质量地完成本项目，各学员不仅要做好准备，还应认真分析以下几个核心问题：

图 1-10-1 红酒烩兔肉成品图

1. 选带皮还是不带皮的兔肉？_____
2. 烩制时如何控制所有主辅食材的成熟时间？_____
3. 选用红酒制作此菜，其含糖量应控制在什么范围？_____
4. 对配菜的刀工成型方面有什么要求？_____

✶ ✶ ✶ ✶ ✶ ✶

项目实施

一、主辅料、调料识别与准备

主料：兔肉 300g（见图 1-10-2）。

辅料：胡萝卜 150g，洋葱 50g，西芹 50g，口蘑 30g，百里香 5g，蒜末 10g（见图 1-10-3）。

调料：红葡萄酒 150ml，布朗基础汤 50ml，黄油 30g，白兰地 20ml，黄油面酱 20g，盐 2g、黑胡椒粉 1g（见图 1-10-4）。

模块一　畜肉类菜品制作

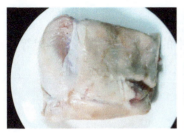
图 1-10-2　主料

图 1-10-3　辅料

图 1-10-4　调料

二、制作流程识读

兔肉切块→腌制兔肉→蔬菜切块→烩制→调节稠度→调味→装盘。

三、技术要点解析

1. 选择新鲜的兔肉，确保其肉质鲜嫩、口感好。
2. 兔肉清洗干净，并用刀将其表面的脏物刮干净。

四、依据步骤与图示制作

步骤1：兔肉切块，加入白兰地、盐、黑胡椒粉腌制备用（见图1-10-5）。

步骤2：胡萝卜去皮切块，洋葱切块，口蘑切块，西芹切段备用（见图1-10-6）。

步骤3：锅中下入黄油加热后放入蒜末、百里香和口蘑一起煸炒出香味，之后下入腌好的兔肉一起煸炒（见图1-10-7）。

步骤4：炒上色后下入胡萝卜、洋葱、西芹再次炒香（见图1-10-8），后加入红葡萄酒和布朗基础汤。

步骤5：煮至快收汁时加入黄油面酱（见图1-10-9）进行收稠，放入盐、黑胡椒粉进行调味，装入盛菜碟中（见图1-10-10），稍加点缀即可。

图 1-10-5　腌制兔肉

图 1-10-6　辅料刀工成品

图 1-10-7　煎制

图 1-10-8　加入辅料炒制

图 1-10-9　加入黄油面酱

图 1-10-10　装盘

五、拓展创新探究

西餐烩菜类菜肴选材广泛多样，如食谱所做，可以将菜谱中的兔肉换成牛肉、羊肉等，制成"红酒烩牛肉"或者"红酒烩羊肉"，通过不同的主料变换能带来不同的菜肴口味。

知识链接

"兔肉"在西餐中的运用

在西餐中，兔肉是常见的食材，尤其在法国和意大利，花样多，吃得也多。

1. 兔肉在法国：在法国，有各种使用兔肉制成的烤菜、烩菜和油封料理，使用莳萝、第戎芥末酱、橄榄、朝鲜蓟、番茄等味道鲜明的配料，给本味很淡的兔肉带去不同的风味。

2. 兔肉在意大利：意大利是兔肉产量最大的国家之一，在意大利通常用兔肉来做烩菜，兔肉也是意大利传统美食之一。

综合评价

生产制作完成后，由你本人、你所在的小组其他成员和生产制作指导老师组成综合性评价小组，依据标准填写下列评价表。

"红酒烩兔肉"实训综合评价表

评价主体	评价要素								比例	分值
	实施前		实施中			实施后		合计		
	资料查找 10%	项目分析 20%	原料准备 10%	生产规范 20%	成品质量 15%	清洁卫生 15%	实训报告 10%	100%		
自我评价									30%	
小组评价									30%	
老师评价									40%	
总　分									100%	

项目 11

高加索啤酒烩鹿肉

高加索啤酒烩鹿肉
操作视频

项目目标

1. 知道制作高加索啤酒烩鹿肉所需的主辅料、调料,并能按标准选用。
2. 掌握高加索啤酒烩鹿肉生产制作步骤、成品质量标准和安全操作注意事项。
3. 能按照企业厨房生产管理有关规定,依据项目实施说明做好各项准备,在团队成员相互配合下独立完成高加索啤酒烩鹿肉的生产制作。
4. 进一步明白"勤奋学习、立志成才"是新时代青年人的责任与担当。

※※※※※※

项目分析

高加索啤酒烩鹿肉(见图 1-11-1)具有"色泽酱红、口感软烂、口味咸鲜、酒香味浓郁"的特点。在法国餐厅里,以麋鹿肉做的主菜价格不菲。在盛大的节日,除了火鸡外,如果还有一盆香气腾腾的烤鹿肉,那就是对客人最好的礼遇了。鹿肉细嫩、瘦肉多、结缔组织少,可烹制多种菜肴。由于鹿肉脂肪含量极低,全熟的鹿肉会变得很柴。为高质量地完成本项目,各学员不仅要做好准备,还应认真分析以下几个核心问题:

图 1-11-1 高加索啤酒烩鹿肉成品图

1. 优质鹿肉的品相特征是什么?_____
2. 高加索地区的饮食有什么特点?_____
3. 鹿肉最适宜烹调的成熟度是多少?_____
4. 制作此菜的关键有哪些?_____

※※※※※※

项目实施

一、主辅料、调料识别与准备

主料:鹿肉 150g(见图 1-11-2)。

辅料:胡萝卜 30g,洋葱 60g,西芹 30g,蘑菇 60g,蒜末 10g(见图 1-11-3)。

调料:橄榄油 10ml,黄油 15g,精盐 2g,香蒜粉 1g,啤酒 350ml,黑胡椒粉 1g,白糖 2g,番茄酱 15g(见图 1-11-4)。

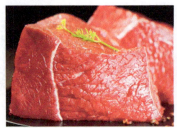
图 1-11-2　主料

图 1-11-3　辅料

图 1-11-4　调料

二、制作流程识读

刀工处理→腌制鹿肉→烤制鹿肉→炒制配菜→烩制鹿肉→装盘。

三、技术要点解析

1. 鹿肉的脂肪较为腥膻，因此烹饪鹿肉之前应将脂肪切除。
2. 恰当控制腌制时间，太早加盐会导致肉脱水，从而变柴。

四、依据步骤与图示制作

步骤1：将鹿肉切成3cm见方的块，胡萝卜、西芹、30g洋葱分别切粗丝，剩余洋葱、蘑菇分别切厚片（见图1-11-5）。

步骤2：鹿肉放入腌碗中，加入胡萝卜丝、洋葱丝、西芹丝，用黑胡椒粉、橄榄油、香蒜粉、精盐调味拌匀（见图1-11-6），腌制20分钟。

步骤3：将腌好鹿肉倒入烤盘（见图1-11-7），入烤箱中180℃烘烤约20分钟上色取出。

步骤4：锅中加入黄油，融化后放入洋葱、蒜末、蘑菇炒香（见图1-11-8），加入番茄酱和啤酒，用精盐、黑胡椒粉、白糖调味，放入烤好的鹿肉煮至汤汁浓稠（见图1-11-9）。

步骤5：将烩好的菜肴装入盛菜碟中（见图1-11-10），稍加点缀即可上菜。

图 1-11-5　刀工处理后成品

图 1-11-6　腌制鹿肉

图 1-11-7　倒入烤盘

图 1-11-8　炒制配菜

图 1-11-9　烩制鹿肉

图 1-11-10　装盘

五、拓展创新探究

鹿肉在西餐中通常用来烤、炖或煎炸，然后搭配各种佐料和配菜来呈现独特的味道。在食用时，鹿肉通常会被切成小块，搭配蔬菜和酱汁食用。

 **知识链接**

高加索地区饮食文化

高加索地区是指高加索山脉所在的地区，包括俄罗斯西南部和格鲁吉亚与阿塞拜疆、亚美尼西的北部地带。这里的美食文化有着鲜明的特色。这里的菜肴以肉类和谷物为主，烹饪方法多样，并融合了多个国家和地区的烹饪技术。

1. **烹饪技术**：高加索地区独特的烹饪技术是其美食文化的重要组成部分。高加索美食注重烹饪技巧的灵活运用，例如烤肉时采用的竖烤和横烤技术，能够让肉类烤制得均匀透彻。此外，高加索人善于腌制食物，腌渍的蔬菜和肉类别具风味。

2. **典型菜肴**：高加索地区有许多令人垂涎的经典菜肴，例如格鲁吉亚的切克赫拉、阿塞拜疆的烤肉、亚美尼亚的糖醋餐和俄罗斯南部地区的卡瓦斯。这些菜肴不仅味道独特，而且制作过程严谨，传统烹饪方法与现代创新手法相结合，使其更具特色。

3. **魅力与特色**：高加索美食的魅力在于其丰富多样的菜肴和独特的烹饪技巧。高加索地区的美食文化融合了多个民族的特色，具有浓郁的地域味道和丰富的历史背景。品尝高加索美食不仅可以满足味蕾，更能感受到一种文化的融合和多元化。

 综合评价

生产制作完成后，由你本人、你所在的小组其他成员和生产制作指导老师组成综合性评价小组，依据标准填写下列评价表。

"高加索啤酒烩鹿肉"实训综合评价表

评价主体	评价要素								比例	分值
	实施前		实施中			实施后		合计		
	资料查找 10%	项目分析 20%	原料准备 10%	生产规范 20%	成品质量 15%	清洁卫生 15%	实训报告 10%	100%		
自我评价									30%	
小组评价									30%	
老师评价									40%	
总　分									100%	

模块小结

本模块包含具有代表性的畜肉类西餐热菜中的炸火腿奶酪猪排、芝士焗猪排、勃艮第红酒炖牛肉、西冷牛排主菜配黑椒汁、匈牙利烩牛肉、威灵顿牛排、铁扒西冷配辣根汁、迷迭香煎羊排配莎莎酱、爱尔兰炖羊肉、红酒烩兔肉、高加索啤酒烩鹿肉等实训项目。

畜肉通常指的是猪、牛、羊等牲畜的肌肉、内脏及其制品。这些肉类含有丰富的蛋白质和脂肪，是人类日常饮食的重要组成部分，同时也是人体获取热量的重要来源。西餐在使用畜肉类原料时有品种丰富、注重肉质、加工方式多样、佐料搭配巧妙、营养搭配均衡等特点。

1. **品种丰富**：西餐中的畜肉类原料种类繁多，包括牛肉、羊肉、猪肉、鸡肉、火鸡肉、兔肉、鹿肉等。这些肉类在西餐烹饪中有着广泛的应用，丰富的品种为厨师提供了更多的创意空间。

2. **注重肉质**：西餐烹饪非常注重肉质的挑选，不同的肉质适用于不同的烹饪方式。例如，牛肉中的菲力、肉眼、牛柳等部位肉质鲜美，适合煎烤；而五花肉则适合炖煮。肉质的选择直接影响菜肴的口感和风味。

3. **加工方式多样**：西餐中对畜肉类原料的加工方式丰富多样，包括煎、炒、炸、烤、炖、煮等。这些加工方式既能保留肉类的鲜美口感，又能为菜肴增添各种独特风味。

4. **佐料搭配巧妙**：在西餐烹饪中，厨师们会根据菜肴的特点和口味，巧妙地搭配各种佐料。例如，汉堡中会加入生菜、番茄、起司等食材，使口感更加丰富；烧烤菜肴则会撒上各种香料，如迷迭香、百里香等，增添风味。

5. **营养搭配均衡**：西餐烹饪讲究营养搭配均衡，畜肉类原料在西餐中的运用会考虑到与其他食材的搭配，使菜肴富含丰富的营养价值。例如，牛肉搭配胡萝卜、洋葱等蔬菜烹饪，不仅可以增加口感，还能提高菜肴的营养价值。

练习题

扫描下方二维码进行线上答题。

模块二
禽肉类菜品制作

西餐热菜工艺

学习目标

知识目标：

- 了解奶油芥末酱汁调制的关键。
- 了解西餐烤制烹饪技法的运用特点。
- 熟悉西餐煎制技法的运用及代表性菜肴的风味特点。
- 掌握法式"油封"菜肴制作的原料选用特点及工艺流程。
- 掌握西餐"千层酥"口感来源的关键。

能力目标：

- 能对小组成员的实训角色进行恰当分配，并能做好组织、统筹、监督、检查的工作。
- 能较好运用初加工技术、刀工技术，依据项目实施相关要求做好禽肉类西式代表菜肴的准备工作。
- 能够制作禽肉类西式代表菜肴，且工艺流程、制作步骤、成菜质量等符合相关标准。
- 通过对相关知识的学习与禽肉类西式代表菜肴的制作，结合餐饮行业的发展方向及市场需求，能创新、开发适销对路的禽肉类新西餐。

素质目标：

- 努力培养开拓进取、精益求精的职业精神。
- 树立正确的"三观"，坚定理想信念，加强实践锻炼。
- 初步树立一丝不苟、追求卓越的工匠精神。
- 具有珍惜粮食、厉行节约的意识并转化为行动。

项目 1

法式奶油芥末鸡排

法式奶油芥末鸡排
操作视频

项目目标

1. 知道制作法式奶油芥末鸡排所需的主辅料、调料，并能按标准选用。
2. 掌握法式奶油芥末鸡排生产制作步骤、成品质量标准和安全操作注意事项。
3. 能按照企业厨房生产管理有关规定，依据项目实施说明做好各项准备，在团队成员相互配合下独立完成法式奶油芥末鸡排的生产制作。
4. 增强职业荣誉感，振奋精气神，为满足人民对美好生活的向往努力奋斗。

* * * * * *

项目分析

法式奶油芥末鸡排（见图 2-1-1）具有"鲜嫩多汁、芥末味浓不辣、奶香浓郁"的特点，此菜是一道法式地道菜肴。鸡胸肉，是鸡身上最大的两块肉。常见的鸡胸肉是胸部里侧的肉，形状像斗笠，肉质细嫩，滋味鲜美，营养丰富，能滋补养生，是西餐中常用的烹饪原料，适用煎、扒、烩等技法。为高质量地完成本项目，各学员不仅要做好准备，还应认真分析以下几个核心问题：

图 2-1-1　法式奶油芥末鸡排成品图

1. 芥末有几种？制作此菜宜选用什么芥末？_____
2. 鸡胸肉的肉质特点是什么？_____
3. 制作此菜采用了哪些烹饪技法？_____
4. 如何保持鸡肉鲜嫩的口感？_____

* * * * * *

项目实施

一、主辅料、调料识别与准备

主料：鸡胸肉 1 块约 180g（见图 2-1-2）。

辅料：洋葱 10g，口蘑 2 个，培根肉 1 片，欧芹 2g（见图 2-1-3）。

调料：橄榄油 15ml，精盐 2g，黑胡椒碎 1g，杂香草 0.3g，淡奶油 50ml，白葡萄酒 25ml，法式芥末酱 5g（见图 2-1-4）。

图 2-1-2 主料

图 2-1-3 辅料

图 2-1-4 调料

二、制作流程识读

切制鸡胸肉→腌制鸡胸肉→辅料刀工处理→煎制鸡胸→烩制→装盘。

三、技术要点解析

1. 选用优质鸡胸肉，确保鸡肉没有过多的脂肪。

2. 煎制之前，鸡胸肉需要进行腌制，并抓拌均匀，确保调味品均匀地附着在肉上。

四、依据步骤与图示制作

步骤1：将鸡胸肉上的边角、油脂去掉，切成两片（见图2-1-5）。

步骤2：将鸡胸肉用白葡萄酒、精盐、黑胡椒碎等拌匀（见图2-1-6），腌制约10分钟。

步骤3：将口蘑、洋葱、欧芹分别切碎，培根肉切成小碎（见图2-1-7）。

步骤4：锅中倒入橄榄油，放入培根肉碎煸炒，炒至焦脆、油脂渗出后捞出，放入鸡胸肉，撒上杂香草，煎至两面焦黄（见图2-1-8），熟透取出。

步骤5：原锅放入洋葱、口蘑、培根等炒香，倒入淡奶油、白葡萄酒，搅拌均匀，放入煎好的鸡胸肉（见图2-1-9），加入精盐、黑胡椒碎、法式芥末酱搅拌均匀。

步骤6：待汤汁浓郁后装入盛菜碟中（见图2-1-10），撒上欧芹碎，稍微点缀即可上菜。

图 2-1-5 鸡胸肉改刀成品

图 2-1-6 腌制鸡胸肉

图 2-1-7 辅料刀工成品

图 2-1-8 煎制鸡胸肉

图 2-1-9 烩制鸡胸肉

图 2-1-10 装盘

五、拓展创新探究

鸡胸肉作为一种常见的家禽肉类，在西方国家的菜单中占据着重要地位。无论是高档餐厅还是普通快餐店，都会有以鸡胸肉为主料的菜品出现。在烹调方式上，由于其口感柔嫩易入味且不失原汁原味，在西式料理中被广泛应用于烤制、油炸、煎制等。

知识链接

法国第戎芥末酱

1. **概述**：芥末酱是用芥菜类蔬菜的籽研磨掺水、醋或酒类调料，再添加香料增香增色而成的糊状物。这种古老的调味品，以其强烈而鲜明的味道，在古今中外不同的菜肴中都有其身影，而芥末酱的"杰出代表"是闻名全球的法国第戎芥末酱。

2. **适用范围**：传统的第戎芥末般与小牛肉、兔肉、鸡肉等常见的肉类搭配，而如今的第戎芥末酱可以做进各种料理中，给食物带去略微的辛辣，让味道变得更有厚度，却又不会喧宾夺主，是一种独特的风味。

（1）入沙拉：第戎芥末酱可以跟其他的材料一起调成的沙司，放入沙拉中，为沙拉增加辛辣味的同时，也更能引起人的食欲。

（2）入海鲜：第戎芥末酱跟海鲜也很搭配，除了常见的三文鱼料理中会用到，制作贻贝等菜品也均可以使用。

（3）入汤：常运用到蓉汤中，加入第戎芥末酱，再加上胡椒、黄糖和奶油等，是一款非常不错的开胃汤品。

生产制作完成后，由你本人、你所在的小组其他成员和生产制作指导老师组成综合性评价小组，依据标准填写下列评价表。

"法式奶油芥末鸡排"实训综合评价表

评价主体	评价要素								比例	分值
	实施前		实施中			实施后		合计		
	资料查找 10%	项目分析 20%	原料准备 10%	生产规范 20%	成品质量 15%	清洁卫生 15%	实训报告 10%	100%		
自我评价									30%	
小组评价									30%	
老师评价									40%	
总　分									100%	

项目 2

香煎鸡扒配香菇红酒汁

香煎鸡扒配香菇红酒汁操作视频

项目目标

1. 知道制作香煎鸡扒配香菇红酒汁所需的主辅料、调料,并能按标准选用。
2. 掌握香煎鸡扒配香菇红酒汁生产制作步骤、成品质量标准和安全操作注意事项。
3. 能按照企业厨房生产管理有关规定,依据项目实施说明做好各项准备,在团队成员相互配合下独立完成香煎鸡扒配香菇红酒汁的生产制作。
4. 树立终身学习理念,为新时代青年人的全面发展注入强大动力。

* * * * * *

项目分析

香煎鸡扒配香菇红酒汁(见图2-2-1)具有"香味浓郁、口感嫩滑、口味咸鲜"的特点,该菜属法国代表性菜肴。法国菜擅长用酒调味,特别是红酒,根据口感可分甜型和干型两种。红酒适用于红肉类菜肴的制作。红酒的馥郁酒香正好可以与牛羊肉的丰腻肉味产生融合效果,令酱汁更为浓郁;另外还可用于腌制和烹制野味类菜肴,可以去除膻味、增加野味的香味。为高质量地完成本项目,各学员不仅要做好准备,还应认真分析以下几个核心问题:

图 2-2-1 香煎鸡扒配香菇红酒汁成品图

1. 鸡腿去骨处理的基本要点是什么?＿＿＿＿＿＿＿＿＿＿
2. 熬制红酒汁时,如何获得醇香的红酒汁?＿＿＿＿＿＿＿＿＿＿
3. 煎制鸡排需要注意哪些要点?＿＿＿＿＿＿＿＿＿＿
4. 香菇宜选用鲜香菇还是干香菇?为什么?＿＿＿＿＿＿＿＿＿＿

* * * * * *

项目实施

一、主辅料、调料识别与准备

主料:鸡腿2个约300g(见图2-2-2)。

辅料:手指萝卜1根,青瓜30g,芦笋30g,口蘑10g,洋葱20g,鲜香菇20g,百里香5g(见图2-2-3)。

调料： 白兰地 15ml，红葡萄酒 50ml，布朗基础汤 30ml，黄油 10g，黄油面酱 10g，盐 1g，黑胡椒粉 1g（见图 2-2-4）。

图 2-2-2　主料

图 2-2-3　辅料

图 2-2-4　调料

二、制作流程识读

腌制鸡腿肉→初加工蔬菜→熬制红酒汁→煎制鸡扒→调味→装盘。

三、技术要点解析

1. 初加工时应从鸡腿内侧下刀，将鸡腿骨取出后将肉排修整为厚薄一致。
2. 煎制鸡腿的火力要大，锅的温度要高，在短时间内锁住鸡扒中的肉汁，使成品呈现鲜嫩的质感。

四、依据步骤与图示制作

步骤 1：将鸡腿放在砧板上，将鸡腿骨取出，去骨后放入盛器中用白兰地、盐、黑胡椒粉和百里香腌制（见图 2-2-5）。

步骤 2：将手指萝卜的表皮削去，青瓜用刨刀刨成片，口蘑打"十"字花刀，芦笋切段，放入热水锅中焯水后捞出沥干水分（见图 2-2-6）。

步骤 3：洋葱切丝，香菇切片，平底锅烧热后下入黄油把洋葱和香菇炒软（见图 2-2-7）；然后放入红葡萄酒，大火烧开后转小火，持续煮约 5 分钟，让口味变得更加醇厚；加入布朗基础汤和黄油面酱调节浓稠度，然后过滤倒出备用。

步骤 4：腌好的鸡扒入锅，大火锁水后转小火慢煎至熟后取出（见图 2-2-8）。

步骤 5：平底锅烧热后，放入适量的黄油待融化后放入配菜煎制（见图 2-2-9），小火煎至微微上色后放入盐和黑胡椒粉翻拌均匀盛出备用。

步骤 6：最后把煎好的鸡扒和配菜进行装盘，淋上香菇红酒汁（见图 2-2-10），稍加点缀即可上菜。

图 2-2-5　腌制鸡腿肉

图 2-2-6　辅料焯水成品

图 2-2-7　炒制配菜

| 图 2-2-8　煎制鸡扒成品 | 图 2-2-9　煎制辅料 | 图 2-2-10　装盘淋汁 |

五、拓展创新探究

本道香煎鸡扒除了搭配香菇红酒汁以外，还可以搭配不同的酱汁来获取不同的风味，例如搭配照烧汁可以制成"照烧鸡扒"，搭配黑椒汁制成"黑椒鸡扒"等。

知识链接

西餐"煎"制技法

1. 概念：煎是一种烹饪技术，广泛应用于西餐料理中。它采用高温快煎的方式，将食材表面快速烤熟，并保持内部的鲜嫩口感，添加了独特的口味和风味。

2. 适用范围：西餐中的煎主要用于肉类、鱼类、蔬菜等食材的烹制，可以为菜品增添丰富的口感。

3. 煎制技法操作要点：

（1）煎的温度范围一般在120℃至170℃，最高不超过190℃，最低不得低于95℃。

（2）煎制较薄易熟的原料应用较高的油温，煎制较厚不易熟的原料应用较低的油温。

（3）使用的油量不宜过多，最多只能没过原料厚度的1/2。

综合评价

生产制作完成后，由你本人、你所在的小组其他成员和生产制作指导老师组成综合性评价小组，依据标准填写下列评价表。

"香煎鸡扒配香菇红酒汁"实训综合评价表

评价主体	评价要素								比例	分值
	实施前		实施中			实施后		合计		
	资料查找 10%	项目分析 20%	原料准备 10%	生产规范 20%	成品质量 15%	清洁卫生 15%	实训报告 10%	100%		
自我评价									30%	
小组评价									30%	
老师评价									40%	
总　分									100%	

项目 3

蓝带鸡排

蓝带鸡排操作视频

项目目标

1. 知道制作蓝带鸡排所需的主辅料、调料，并能按标准选用。
2. 掌握蓝带鸡排生产制作步骤、成品质量标准和安全操作注意事项。
3. 能按照企业厨房生产管理有关规定，依据项目实施说明做好各项准备，在团队成员相互配合下独立完成蓝带鸡排的生产制作。
4. 进一步明白"围绕岗位职能，加强业务学习"，对提高履职能力的重要意义。

※※※※※※

项目分析

蓝带鸡排（见图2-3-1）具有"色泽金黄、外酥里嫩、口味咸鲜"的特点，蓝带鸡排起源于19世纪中期的法国，是法餐中较为经典的菜肴之一。这是一道在世界各地都非常流行的法式菜肴。蓝带是指蓝色奖章，据说在法国厨艺界的传统中，只有高品质的菜肴和高水平的大厨才有资格使用"蓝带"二字。而且，这道菜的特别之处是"内有乾坤"，

图2-3-1 蓝带鸡排成品图

外面看似普通的炸鸡排，里面却夹裹着奶酪、火腿，味道独特。为高质量地完成本项目，各学员不仅要做好准备，还应认真分析以下几个核心问题：

1. "爆浆"的基本原理是什么？_____
2. 此菜采用什么烹饪技法成菜？需要注意什么？_____
3. 装盘、摆盘方面需要注意什么？_____

※※※※※※

项目实施

一、主辅料、调料识别与准备

主料： 鸡胸肉200g（见图2-3-2）。

辅料： 火腿片2片，卡夫芝士片1片，鸡蛋1个，面包糠50g，低筋面粉50g（见图2-3-3）。

调料： 色拉油50ml，白兰地15ml，第戎芥末酱10g，盐1g，黑胡椒1g（见图2-3-4）。

图 2-3-2 主料

图 2-3-3 辅料

图 2-3-4 调料

二、制作流程识读

片制鸡肉→腌制鸡肉→瓤制→过"三关"→煎制→改刀装盘。

三、技术要点解析

1. 片出的鸡肉不宜太厚，以 0.6cm 至 1cm 厚为佳。
2. 瓤制时需要把开口位置进行适当的固定，以防止烹调过程中裂开。
3. 由于面包糠不耐高温，在煎制过程中要恰当控制火力的大小。

四、依据步骤与图示制作

步骤1：用刀从鸡肉侧面的中间位置片开，且保持不切断（见图2-3-5），放入盛器中下入盐、白兰地、黑胡椒腌制15分钟备用。

步骤2：在一片鸡肉的中间位置，依次摆上火腿片、卡夫芝士片、火腿片，然后把另一片鸡肉翻折，将馅料盖上（见图2-3-6）。

步骤3：将包裹好的鸡肉块依次粘上低筋面粉，放入鸡蛋液中沾裹均匀（见图2-3-7），再放入面包糠中沾裹均匀（见图2-3-8）。

步骤4：锅烧热下入色拉油，放上裹好面包糠的鸡肉，用小火煎至两面金黄（见图2-3-9）。

步骤5：将第戎芥末酱铺在盘底，煎好的鸡排对半切开（见图2-3-10），装盘点缀即可上菜。

图 2-3-5 鸡肉改刀成品　　图 2-3-6 包制馅料　　图 2-3-7 沾鸡蛋液

图 2-3-8 沾面包糠　　图 2-3-9 煎制　　图 2-3-10 改刀

五、拓展创新探究

蓝带鸡排在法餐中是传统名菜，在口味搭配上非常丰富，通常会搭配法式黄芥末酱进行食用，也可搭配西餐常用的塔塔酱或者番茄酱等。

知识链接

探秘"鸡排"文化

鸡排不仅是许多人心中最喜欢的街头小吃之一，更是具有创新性和多样性的全球美食。从街头小吃到高档餐厅，鸡排已经成为人们生活中不可或缺的一部分。

起源：据传，鸡排的起源可以追溯到20世纪初的美国。当时，鸡排主要是由被称为"鸡里脊"的鸡肉部位制成，裹上面包屑和香料，然后煎炸而成。如今，鸡排已经成为全球流行的美食，不仅在亚洲、欧洲和北美，甚至在南美和非洲也可以找到不同版本的鸡排。

创新：在韩国，人们喜欢将鸡排和辣炒年糕一起炒制，制成美味的年糕鸡排。而在泰国，人们喜欢用椰浆、花生和咖喱粉调味的鸡排，制成咖喱鸡排。在我国台湾，人们也发明了独特的"大鸡排"，用厚实的鸡肉煎炸而成，口感鲜嫩多汁，一口咬下去就能感受到鸡肉的鲜美。

综合评价

生产制作完成后，由你本人、你所在的小组其他成员和生产制作指导老师组成综合性评价小组，依据标准填写下列评价表。

"蓝带鸡排"实训综合评价表

评价主体	评价要素							合计 100%	比例	分值
	实施前		实施中			实施后				
	资料查找 10%	项目分析 20%	原料准备 10%	生产规范 20%	成品质量 15%	清洁卫生 15%	实训报告 10%			
自我评价									30%	
小组评价									30%	
老师评价									40%	
总 分									100%	

项目 4

烤春鸡

烤春鸡操作视频

项目目标

1. 知道制作烤春鸡所需的主辅料、调料，并能按标准选用。
2. 掌握烤春鸡生产制作步骤、成品质量标准和安全操作注意事项。
3. 能按照企业厨房生产管理有关规定，依据项目实施说明做好各项准备，在团队成员相互配合下独立完成烤春鸡的生产制作。
4. 深入理解"开拓进取、精益求精"的职业精神。

* * * * * *

项目分析

烤春鸡（见图 2-4-1）具有"色泽金黄红亮、香味浓郁、口感软嫩"的特点，此菜是一道常见于西方家庭餐桌的菜肴，在欧洲的地位类似于美国的"烤火鸡"，非常受人欢迎。西餐中，从出生到发育前的鸡，一般称作春鸡（Spring Chicken），重量一般在一斤左右。英语用"春（Spring）"，来形容鸡龄短和肉质鲜嫩。为高质量地完成本项目，各学员不仅要做好准备，还应认真分析以下几个核心问题：

图 2-4-1　烤春鸡成品图

1. "春鸡"的肉质特点是什么？＿＿＿＿＿＿＿＿＿＿＿＿＿＿＿＿＿＿＿＿＿＿
2. 烤春鸡与烤火鸡有什么相同点和不同点？＿＿＿＿＿＿＿＿＿＿＿＿＿＿＿＿
3. 如何进行腌制？＿＿＿＿＿＿＿＿＿＿＿＿＿＿＿＿＿＿＿＿＿＿＿＿＿＿＿
4. 烤制时的温度应控制在什么范围？＿＿＿＿＿＿＿＿＿＿＿＿＿＿＿＿＿＿＿

* * * * * *

项目实施

一、主辅料、调料识别与准备

主料： 春鸡 1 只（见图 2-4-2）。

辅料： 黄心土豆 50g，甜玉米 50g，干葱头 50g，胡萝卜 50g，西芹 50g，黄柠檬 1 个（见图 2-4-3）。

调料： 黄油 50g，白兰地 20ml，盐 10g，黑胡椒碎 3g，百里香碎 10g，迷迭香碎 10g（见图 2-4-4）。

图2-4-2 主料

图2-4-3 辅料

图2-4-4 调料

二、制作流程识读

吸干春鸡表面水分→腌制→切制蔬菜→调制酱汁→捆扎塑性→装入烤盘→烤制→装盘。

三、技术要点解析

1. 腌制前需吸干春鸡表面的水分。
2. 腌制时香料一定要按照比例恰当增减，以保持鸡肉的香草风味。
3. 恰当控制烤制温度与时间，避免出现质量问题。

四、依据步骤与图示制作

步骤1：将春鸡放在砧板上，用厨房纸吸干表面水分后撒入盐、黑胡椒碎和白兰地，揉抓均匀（见图2-4-5），然后用保鲜膜覆盖腌制。

步骤2：将土豆去皮后切块，甜玉米、干葱头、胡萝卜、西芹等蔬菜也切成与土豆块大小基本一致的块备用（见图2-4-6）。

步骤3：将黄油加热，待黄油由固态变为液态时取出，加入百里香碎、迷迭香碎、盐和黑胡椒碎后搅拌均匀，即成香草黄油酱（见图2-4-7）。

步骤4：腌好的鸡肉里外均匀涂抹香草黄油酱，肚子内塞入柠檬，之后用棉绳对鸡腿和鸡翅进行捆扎塑形（见图2-4-8）。

步骤5：土豆、西芹、胡萝卜、甜玉米、干葱头等配菜垫底，把捆扎好的春鸡放在上面，放入200℃的烤箱中（见图2-4-9），烤制约50分钟。

步骤6：将鸡取出，将烤好的时蔬放在盛菜碟中垫底，去掉棉绳，摆上烤好的春鸡，即可完成出品（见图2-4-10）。

图2-4-5 腌制

图2-4-6 辅料改刀成品

图2-4-7 香草黄油酱

| 图2-4-8 涂抹香草黄油酱 | 图2-4-9 烤制 | 图2-4-10 装盘 |

五、拓展创新探究

烤鸡类菜肴在西方节日较为常见，可以根据用餐人数的多少选择不同大小的烤鸡。春鸡一般比较小，也可以换成阉鸡或火鸡等。

知识链接

解密"春鸡"

春鸡，即童子鸡，是指未曾配育过的年幼公鸡，在育种、喂养和宰杀等方面，都需要进行科学规划和管理，以保证其品质和食品卫生安全。

1. **成熟标准**：生长期一般在3个月内，体重在1至1.5斤之间；羽毛应该生长完整，无明显的脱落和残损；鸡肌肉细腻、柔嫩，具有较高的食用价值。

2. **食用价值**：春鸡肉质鲜嫩、口感细腻、营养丰富，尤其是肉质厚实、富有弹性。据研究，春鸡肉中含有丰富的蛋白质、氨基酸、维生素和氧化还原酶等成分，对提高人体免疫力、改善贫血和便秘等方面都有一定的功效。因此，春鸡在中餐和西餐中都有广泛应用。

综合评价

生产制作完成后，由你本人、你所在的小组其他成员和生产制作指导老师组成综合性评价小组，依据标准填写下列评价表。

"烤春鸡"实训综合评价表

评价主体	评价要素								比例	分值
	实施前		实施中			实施后		合计		
	资料查找 10%	项目分析 20%	原料准备 10%	生产规范 20%	成品质量 15%	清洁卫生 15%	实训报告 10%	100%		
自我评价									30%	
小组评价									30%	
老师评价									40%	
总 分									100%	

项目 5

迷迭香烤鸡腿

迷迭香烤鸡腿
操作视频

项目目标

1. 知道制作迷迭香烤鸡腿所需的主辅料、调料，并能按标准选用。
2. 掌握迷迭香烤鸡腿生产制作步骤、成品质量标准和安全操作注意事项。
3. 能按照企业厨房生产管理有关规定，依据项目实施说明做好各项准备，在团队成员相互配合下独立完成迷迭香烤鸡腿的生产制作。
4. 帮助当代青年树立正确的"三观"，坚定理想信念，加强实践锻炼。

＊＊＊＊＊＊

项目分析

迷迭香烤鸡腿（见图2-5-1）具有"色泽金黄、肉块紧实饱满、肉质鲜香细嫩、外香里嫩、伴有特殊的香草味"的特点。迷迭香在西方的历史，最早可以追溯到古罗马帝国时期，据说当时因为它的芳香特性，成为当时贵族花园中必备之物。迷迭香具有浓郁的芳香味道和独特的口感，被誉为"调味品之王"。为高质量地完成本项目，各学员不仅要做好准备，还应认真分析以下几个核心问题：

图2-5-1 迷迭香烤鸡腿成品图

1. 选用新鲜迷迭香还是干制迷迭香？＿＿＿＿＿＿＿＿＿＿＿＿＿＿＿＿＿＿＿＿＿
2. 腌制鸡腿的时间一般多长？＿＿＿＿＿＿＿＿＿＿＿＿＿＿＿＿＿＿＿＿＿＿＿＿
3. 烤制鸡腿的温度与时间应如何控制？＿＿＿＿＿＿＿＿＿＿＿＿＿＿＿＿＿＿＿
4. 装盘时对盛器有什么特殊要求？＿＿＿＿＿＿＿＿＿＿＿＿＿＿＿＿＿＿＿＿＿

＊＊＊＊＊＊

项目实施

一、主辅料、调料识别与准备

主料： 琵琶鸡腿2个（见图2-5-2）。

辅料： 土豆120g，圣女果50g，干葱头20g，柠檬1/4个（见图2-5-3）。

调料： 橄榄油15ml，盐1g，黑胡椒碎1g，鲜迷迭香3g，白兰地酒6ml（见图2-5-4）。

图 2-5-2 主料

图 2-5-3 辅料

图 2-5-4 调料

二、制作流程识读

鸡腿改刀→腌制鸡腿→摆入烤盘→烤制→装盘。

三、技术要点解析

1. 为让成品入味，鸡腿烤制前应充分腌制。
2. 恰当控制烤制时间与温度，时间太长、温度太低会易导致水分流失太多让鸡肉变柴。

四、依据步骤与图示制作

步骤1：将鸡腿放在砧板上，在鸡腿内侧用刀切两刀（见图2-5-5），以便在腌制时入味。将土豆去皮后切块。

步骤2：将鸡腿放进腌碗中，放入土豆块、圣女果、干葱头，加入盐、黑胡椒碎、橄榄油、鲜迷迭香、白兰地酒、柠檬汁拌匀（见图2-5-6），腌制约20分钟。

步骤3：把腌好的鸡腿摆入烤盘中，圣女果、干葱头、土豆摆放在空隙处，周围摆上新鲜的迷迭香，再摆上柠檬（见图2-5-7）。

步骤4：把鸡腿放入烤箱中烘烤（见图2-5-8），180℃烘烤约15分钟后取出；将鸡腿、土豆等原料翻面（见图2-5-9），再放入烤箱中，180℃烘烤约15分钟，至鸡腿上色。

步骤5：将烤好的辅料、主料摆放进盛菜碟中（见图2-5-10），稍加点缀即可上菜。

图 2-5-5 切制　　图 2-5-6 腌制　　图 2-5-7 摆入烤盘

图 2-5-8 烤制　　图 2-5-9 翻面　　图 2-5-10 装盘

五、拓展创新探究

在运用烤制、铁板煎烤等方式制作牛肉、羊肉时常使用迷迭香作调料。除此之外，在西餐的烤鸡肉等菜品的制作上，也可以使用迷迭香来增强香味。运用此种方法，可以将鸡腿换成鸭腿、整只的春鸡、鸡胸肉等。

知识链接

迷迭香在西餐中的烹饪秘籍

迷迭香（Rosemary）是一种常用于西餐烹饪的香草植物，它起源于地中海地区，由于其浓郁的芳香和丰富的营养价值，迷迭香在西餐中被广泛应用。

1. 选购：选购迷迭香时，应选择新鲜、绿色的叶子和茎，并且具有浓郁的香气。如果购买干燥的迷迭香，应确保其颜色鲜艳，没有异味。

2. 使用秘籍：迷迭香在西餐烹饪中有许多常见的应用方法，下面介绍几种常见的用法。

（1）烤肉：将新鲜或干燥的迷迭香叶子撕碎后，与橄榄油、大蒜等调料混合，涂抹在肉类表面，并进行烤制，可以增加肉类的风味和口感。

（2）煮汤：将新鲜或干燥的迷迭香叶子放入汤中一起煮制，可以为汤品增添浓郁的芳香味道。

（3）腌制：将新鲜或干燥的迷迭香叶子与盐、胡椒粉等调料混合后涂抹在腌制食材上，并放置一段时间，可以使食材更加美味可口。

综合评价

生产制作完成后，由你本人、你所在的小组其他成员和生产制作指导老师组成综合性评价小组，依据标准填写下列评价表。

"迷迭香烤鸡腿"实训综合评价表

评价主体	评价要素								比例	分值
	实施前		实施中		实施后		合计			
	资料查找 10%	项目分析 20%	原料准备 10%	生产规范 20%	成品质量 15%	清洁卫生 15%	实训报告 10%	100%		
自我评价									30%	
小组评价									30%	
老师评价									40%	
总　分									100%	

项目 6

煎酿鸡胸

煎酿鸡胸操作视频

项目目标

1. 知道制作煎酿鸡胸所需的主辅料、调料，并能按标准选用。
2. 掌握煎酿鸡胸生产制作步骤、成品质量标准和安全操作注意事项。
3. 能按照企业厨房生产管理有关规定，依据项目实施说明做好各项准备，在团队成员相互配合下独立完成煎酿鸡胸的生产制作。
4. 理解"奋斗本身就是一种幸福"的深刻内涵，激发学习信心和决心。

✳ ✳ ✳ ✳ ✳ ✳

项目分析

煎酿鸡胸（见图 2-6-1）具有"色泽金黄、外焦里嫩、口味鲜香"的特点。煎酿技法是先把腌拌好的馅料先酿入主料内，再放入锅中煎熟的一种烹调方法。在制作煎酿菜时，馅料一般使用熟或半熟的原料，因为煎酿的时间比较短，如果用生馅料，就容易会出现外熟里生的现象。为高质量地完成本项目，各学员不仅要做好准备，还应认真分析以下几个核心问题：

图 2-6-1 煎酿鸡胸成品图

1. 优质鸡胸肉应具有什么样的品质特征？＿＿＿＿＿＿＿＿＿＿＿＿＿＿＿＿
2. 煎制鸡胸肉的火力大小和煎制时间应如何控制？＿＿＿＿＿＿＿＿＿＿＿＿
3. 酿制时如何防止在煎制过程中食材出现开裂？＿＿＿＿＿＿＿＿＿＿＿＿＿
4. 制作此菜时，调味方面主要使用了哪些调味品？＿＿＿＿＿＿＿＿＿＿＿＿

✳ ✳ ✳ ✳ ✳ ✳

项目实施

一、主辅料、调料识别与准备

主料：鸡胸肉 1 块（见图 2-6-2）。

辅料：红甜椒 40g，圣女果 30g，黄甜椒 40g，大蒜 10g（见图 2-6-3）。

调料：橄榄油 15ml，黄油 10g，盐 2g，黑胡椒碎 1g，迷迭香碎 3g，蜂蜜 7g（见图 2-6-4）。

图2-6-2 主料

图2-6-3 辅料

图2-6-4 调料

二、制作流程识读

刀工处理→腌制辅料→腌制鸡胸肉→酿制→煎制→装盘。

三、技术要点解析

1. 要求主辅原料的形状要整齐，并且大小适中。制馅时，各种原料的比例要恰当。

2. 填充馅心要适量。以动物性原料为主的馅料，在填充时可尽量充实饱满；而以糯米等原料作馅料时，则不可填充得太满，以防馅料熟后撑破主料。

3. 火候的运用要灵活。主料包好馅料后，不管采用哪种致熟的方式，都要合理掌握火候：蒸，不能过烂；煎，不能散碎；烧，不能粘锅；炸，不能夹生。

四、依据步骤与图示制作

步骤1：将鸡胸肉放在砧板上，用片刀从侧面片开；圣女果对半切开，红甜椒、黄甜椒分别切块，大蒜切厚片（见图2-6-5）。

步骤2：将圣女果、红甜椒、黄甜椒、大蒜片用盐、黑胡椒碎、迷迭香碎和橄榄油拌匀（见图2-6-6），放在烤盘上，入烤箱160℃烤至变软取出。

步骤3：将鸡胸肉放进盛器中，放入盐、黑胡椒碎、蜂蜜和迷迭香碎等调味料抓拌均匀（见图2-6-7），静置腌制。

步骤4：将鸡胸肉平铺在砧板上，把烤好的蔬菜放在鸡胸肉上，用蔬菜将鸡胸肉包裹好，然后用牙签固定，防止松散（见图2-6-8）。

步骤5：平底锅加热，放入少许黄油融化，将鸡胸肉放入锅中煎制（见图2-6-9）。煎熟后取出，拔掉牙签。

步骤6：切块后摆进盛菜碟中（见图2-6-10），稍加点缀即可上菜。

图2-6-5 刀工处理成品

图2-6-6 腌制蔬菜

图2-6-7 腌制鸡胸肉

图 2-6-8　酿制

图 2-6-9　煎制

图 2-6-10　装盘

五、拓展创新探究

鸡胸肉在西餐中的运用较广，烹调中可以加入各种酱汁，辅料中常加入洋葱、西芹、胡萝卜、大蒜等。各种蔬菜常用橄榄油或者黄油爆香，炒酱料的时候不加水，而是加入准备好的高汤调味。

知识链接

"禽肉"成熟度判断

1. 大只烤家禽成熟度的判断：最正确的办法是用温度计测量，肉内部温度为 180℉（82℃）为熟。把温度计插入大腿肉最厚的部位，不要碰到骨头，测量鸡腿肉内部温度即可，因为腿部是整只鸡最后熟的部位。

2. 小只烤家禽成熟度的判断：可用以下方法判断较小禽类是否成熟。
（1）关节松弛，鸡腿可自由移动。
（2）汁澄清，烤出来的汁应是清澈的黄色而不是混浊的或红或粉红的。
（3）骨肉分离，肌肉开始与骨头分开，特别是胸骨和腿骨。过分收缩的肌肉代表过熟。

综合评价

生产制作完成后，由你本人、你所在的小组其他成员和生产制作指导老师组成综合性评价小组，依据标准填写下列评价表。

"煎酿鸡胸"实训综合评价表

评价主体	评价要素								比例	分值
	实施前		实施中			实施后		合计		
	资料查找 10%	项目分析 20%	原料准备 10%	生产规范 20%	成品质量 15%	清洁卫生 15%	实训报告 10%	100%		
自我评价									30%	
小组评价									30%	
老师评价									40%	
总　分									100%	

项目 7

香橙鸭胸

香橙鸭胸操作视频

项目目标

1. 知道制作香橙鸭胸所需的主辅料、调料，并能按标准选用。
2. 掌握香橙鸭胸生产制作步骤、成品质量标准和安全操作注意事项。
3. 能按照企业厨房生产管理有关规定，依据项目实施说明做好各项准备，在团队成员相互配合下独立完成香橙鸭胸的生产制作。
4. 逐步树立精益求精、一丝不苟、追求卓越的"工匠精神"，并融入学习全过程。

******

项目分析

香橙鸭胸（见图 2-7-1）具有"色彩鲜艳、口味咸鲜、酱汁略带酸甜"的特点。香橙鸭胸是法餐中较为常见的餐桌菜肴之一，橙子有鸭肉的味道，鸭胸肉有橙子的味道，两者的结合使得味道香、口感好，鸭胸肉嫩滑不油腻，入口橙子的香甜味和肉香味融合饱满，肉质鲜嫩多汁，咀嚼过程中风味层次感强，耐人寻味。为高质量地完成本项目，各学员不仅要做好准备，还应认真分析以下几个核心问题：

图 2-7-1 香橙鸭胸成品图

1. 鸭胸肉需要加工成全熟吗？_____
2. 熬制香橙少司的工艺流程是什么？_____
3. 白兰地应如何运用才能达到去异增香的效果？_____
4. 可以用新鲜橙子切片与鸭胸肉一起烤吗？_____

******

项目实施

一、主辅料、调料识别与准备

主料：带皮鸭胸 150g（见图 2-7-2）。
辅料：香橙 50g，青瓜 50g，圣女果 2 颗，百里香 5g，蒜末 10g，口蘑 1 个，红葱头 20g（见图 2-7-3）。
调料：白兰地 15ml，黄油 20g，蜂蜜 10g，牛尾高汤 50ml，盐 1g，糖 3g，黑胡椒碎 1g（见图 2-7-4）。

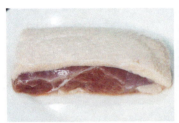
图2-7-2 主料

图2-7-3 辅料

图2-7-4 调料

二、制作流程识读

打花刀→腌制→加工蔬菜→煎制鸭胸→烤制→熬制酱汁→改刀装盘。

三、技术要点解析

1. 橙汁用鲜榨橙汁最好。

2. 鸭胸肉应用平底锅煎上色后再放入烤箱烘烤，因鸭胸肉一般要求全熟，烘烤时间按原料大小、烤箱温度情况来灵活增减。

3. 腌制时，食盐可以少放，以免鸭肉在烹调过程中发紧，从而影响口感。

四、依据步骤与图示制作

步骤1：将鸭胸肉解冻后放在砧板上，用片刀将鸭胸皮面间隔1.5cm切成"十"字网格形状，然后用调料腌制（见图2-7-5）。

步骤2：将香橙清洗干净后，去掉皮，取一小块香橙皮切成细丝，香橙肉用榨汁器榨出汁备用（见图2-7-6）。

步骤3：口蘑、圣女果打花刀，青瓜刨片飞水断生，热锅放入黄油化开下入橙肉和口蘑、圣女果、青瓜片煎扒，之后放入盐和黑胡椒碎备用（见图2-7-7）。

步骤4：锅加热下入黄油，放上鸭胸，煎制上色后取出，放在用百里香、红葱头、蒜末垫底的烤盘中（见图2-7-8），入烤箱，180℃烤约8分钟取出。

步骤5：酱汁锅烧热后下入黄油、橙汁、蜂蜜、牛尾高汤和糖一起煮制（见图2-7-9），浓稠收汁取出备用。

步骤6：最后把醒好的鸭胸改刀（见图2-7-10），与扒好的配菜一起搭配摆盘，淋上调好的酱汁即可完成出品。

图2-7-5 腌制鸭胸

图2-7-6 处理香橙汁

图2-7-7 辅料焯水

图 2-7-8　烤制鸭胸　　　　图 2-7-9　熬制橙汁酱　　　　图 2-7-10　改刀装盘

五、拓展创新探究

鸭胸主菜在法餐中较为常见，也可把鸭胸换成鸡胸，搭配的配菜也可以根据实际需求进行搭配，如香煎鸡扒等；也可在酱汁搭配上进行调整，如喜欢咸味酱汁可以搭配黑椒汁等。

知识链接

鸭肉在法餐中的地位

1. 地位：法餐里鸭的地位毋庸置疑，且不论举世闻名的肥鸭肝和血鸭，煎鸭胸就曾在相当长的时间里高居"法国最受欢迎菜肴"的榜首位置。法国人对鸭的内脏，例如鸭肝、鸭心均有运用，对于法国人来说，鸭全身都是宝。

2. 代表性名菜——血鸭：除了大名鼎鼎的香煎鸭胸之外，还有一道法式传统鸭料理举世闻名——血鸭。将整只鸭烤至半熟，取出鸭肝、鸭胸及鸭腿，再把鸭身剩余部位以及一些配料放入成本高昂的"榨鸭机"里榨成鸭血汁，配以干邑、肥肝、高汤等一起熬制成酱汁。吃的时候以切片鸭胸和烤鸭腿佐上鸭血酱汁食用。

综合评价

生产制作完成后，由你本人、你所在的小组其他成员和生产制作指导老师组成综合性评价小组，依据标准填写下列评价表。

"香橙鸭胸"实训综合评价表

评价主体	评价要素								比例	分值
	实施前		实施中			实施后		合计		
	资料查找 10%	项目分析 20%	原料准备 10%	生产规范 20%	成品质量 15%	清洁卫生 15%	实训报告 10%	100%		
自我评价									30%	
小组评价									30%	
老师评价									40%	
总　分									100%	

项目 8

法式油封鸭腿

法式油封鸭腿
操作视频

项目目标

1. 知道制作法式油封鸭腿所需的主辅料、调料，并能按标准选用。
2. 掌握法式油封鸭腿生产制作步骤、成品质量标准和安全操作注意事项。
3. 能按照企业厨房生产管理有关规定，依据项目实施说明做好各项准备，在团队成员相互配合下独立完成法式油封鸭腿的生产制作。
4. 对中华民族的传统美德——"诚实守信"的内涵有更深层次的认识。

✦ ✦ ✦ ✦ ✦ ✦

项目分析

法式油封鸭腿（见图2-8-1）具有"肉质软嫩、香味浓郁、皮焦香酥脆、油而不腻"的特点。油封是西餐的传统技法，将原料浸入油中，长时间低温慢煮，油分被释出，肉质变得香酥无比。油封过的肉置于油中，适合长期保存，油封过后的油亦可以循环使用。其中，油封鸭是最为经典的一道菜品，是法国西南部的传统菜。为高质量地完成本项目，各学员不仅要做好准备，还应认真分析以下几个核心问题：

图2-8-1 法式油封鸭腿成品图

1. "油封"技法常用的"油"是什么油？_____
2. "油封"技法的油温常常控制在什么范围？_____
3. "油封"技法常见于哪个国家的菜肴制作中？_____
4. 主料鸭腿是否需要提前腌制？_____

✦ ✦ ✦ ✦ ✦ ✦

项目实施

一、主辅料、调料识别与准备

主料：鸭腿150g（见图2-8-2）。

辅料：圣女果1颗，口蘑1个，土豆50g，百里香50g，蒜5g，红葱头10g，香叶2片，八角1颗（见图2-8-3）。

调料：色拉油30ml，白兰地15ml，盐10g，黑胡椒碎2g（见图2-8-4）。

图2-8-2 主料

图2-8-3 辅料

图2-8-4 调料

二、制作流程识读

鸭腿改刀→腌制鸭腿→辅料刀工处理→煎扒蔬菜→烤制→煎制→装盘。

三、技术要点解析

1. 油封的油量视容器大小而定,总之要能使鸭腿完全浸没。
2. 盐和各种香料的量根据自己的口味可以酌情增减调整。

四、依据步骤与图示制作

步骤1:鸭腿改刀放入白兰地、盐、黑胡椒碎、红葱头、蒜末、百里香、香叶、八角腌制(见图2-8-5),腌制入味后吸干水分备用。

步骤2:土豆改刀切块,圣女果、口蘑打花刀(见图2-8-6),焯水后捞出。热锅下油将蔬菜煎扒上色调入盐和黑胡椒碎(见图2-8-7),炒匀后盛出备用。

步骤3:油盆内放入腌好的鸭腿和腌制鸭腿的香料,加入能没过鸭的色拉油再放入120℃的烤箱烤制(见图2-8-8),约3个小时取出。

步骤4:另取平底锅加热后下入烤好的鸭腿,皮朝下煎制(见图2-8-9),待表面金黄上色后取出。

步骤5:把扒好的配菜搭配煎好的鸭腿进行摆盘(见图2-8-10),即可完成出品。

图2-8-5 腌制鸭腿　　图2-8-6 配菜改刀　　图2-8-7 煎扒配菜

图2-8-8 烤制　　图2-8-9 煎制　　图2-8-10 装盘

五、拓展创新探究

油封是古时储藏技术不完善时发明的一种肉类保存技术，因此可以应用在不同的原料上，例如油封鸡腿、油封乳鸽等。

知识链接

西餐大厨的料理技巧：油封"Confit"

油封料理，最初目的是让食材延长保鲜，后来发现油封除了防腐还能让肉质软嫩、风味浓缩，至今已是西方高级菜式常见的烹调手法。

1. 认识油封：油封"Confit"源自法文"Confire"，为"保存"之意，也可指腌渍，是源自法国的料理技巧，指保存食材的方法，例如油封处理过的鸭肉，冷藏可以保存数月，油封水果甚至能保存数年。

2. 油封菜肴：油封料理以"低温烹调"为核心，烹调时间长，需将食材浸泡在室温的油脂中，以烤箱120℃~135℃烘烤，过程中食材浸润的油脂温度会维持在88℃~93℃，可以让食材的水分和风味被完整保留，油脂不会渗透到食材中，让食材质地香软可口，吃起来却不油腻。

3. 适用食材：将肉品泡在橄榄油中，用低温、小火慢慢煮熟的料理手法，可以让肉质更软嫩。可用于鸡肉、鹅肉、猪肉、鸭肉、动物内脏、虾、油脂丰富的鱼类（鲑鱼、鲔鱼、秋刀鱼、鳕鱼等）等适合"慢火调理"的食材；也可以制作腌渍蔬果，例如番茄、大蒜、马铃薯、洋葱、茄子都是常见的油封开胃菜。

综合评价

生产制作完成后，由你本人、你所在的小组其他成员和生产制作指导老师组成综合性评价小组，依据标准填写下列评价表。

"法式油封鸭腿"实训综合评价表

评价主体	评价要素							合计 100%	比例	分值
	实施前		实施中			实施后				
	资料查找 10%	项目分析 20%	原料准备 10%	生产规范 20%	成品质量 15%	清洁卫生 15%	实训报告 10%			
自我评价									30%	
小组评价									30%	
老师评价									40%	
总 分									100%	

项目 9

鸭肉千层酥

鸭肉千层酥
操作视频

项目目标

1. 知道制作鸭肉千层酥所需的主辅料、调料，并能按标准选用。
2. 掌握鸭肉千层酥生产制作步骤、成品质量标准和安全操作注意事项。
3. 能按照企业厨房生产管理有关规定，依据项目实施说明做好各项准备，在团队成员相互配合下独立完成鸭肉千层酥的生产制作。
4. 从烹饪技艺角度理解"取其精华，去其糟粕"的现实意义。

* * * * * *

项目分析

鸭肉千层酥（见图 2-9-1）具有"色泽金黄、口感软糯、香味浓郁"的特点，是法餐中的一道经典菜式。法式菜肴的特点是选料广泛、加工精细、烹调考究、滋味有浓有淡、花色品种多。本道菜品以鸭肉和土豆作为主料，口感分层递进，入口先是土豆泥的软糯绵密，然后是鸭肉的咸鲜软烂，整道菜品口味独具特色。为高质量地完成本项目，各学员不仅要做好准备，还应认真分析以下几个核心问题：

图 2-9-1　鸭肉千层酥成品图

1. "千层酥"口感来源于什么？_____
2. 面包糠在此菜的制作中主要起什么作用？_____
3. 烤制过程中应如何控制温度与时间？_____
4. 初加工时如何去除鸭肉的异味？_____

* * * * * *

项目实施

一、主辅料、调料识别与准备

主料：鸭腿肉 100g，土豆 100g，干葱头 50g（见图 2-9-2）。

辅料：面包糠 10g，番芫荽 5g，胡萝卜 30g，芹菜 30g，洋葱 30g，香叶 2 片，百里香 5g（见图 2-9-3）。

调料：黄油 50g，马苏里拉芝士碎 50g，牛奶 50ml，白葡萄酒 50ml，盐 1g，黑胡椒粉 1g（见图 2-9-4）。

图2-9-2 主料

图2-9-3 辅料

图2-9-4 调料

二、制作流程识读

煮制鸭腿肉→刀工处理→制作土豆泥→炒制鸭肉丝→烤制→装盘。

三、技术要点解析

1. 鸭腿焯水时可通过添加香料的方式增香除异。

2. 鸭肉丝粗细均匀，在0.3cm至0.5cm粗比较合适。

3. 烤制过程需要恰当控制烤箱的温度和烤制时间，避免出现烤不透或烤焦的情况。

四、依据步骤与图示制作

步骤1：取一汤锅，加水下入胡萝卜、芹菜、洋葱、香叶、百里香，加入白葡萄酒、盐和黑胡椒粉，烧开后放入鸭腿肉煮熟（见图2-9-5）。

步骤2：将煮熟透的鸭腿捞出，自然放凉后撕成细丝，干葱头去皮后切丝，番芫荽切碎备用（见图2-9-6）。

步骤3：土豆去皮切滚刀块（见图2-9-7），下入锅中，加入少量盐煮熟捞出后加入黄油和牛奶制成土豆泥。

步骤4：锅烧热加入黄油，放入干葱头丝，炒软后下入鸭肉丝，调入少许盐和黑胡椒粉炒香后倒入碗中，加入番芫荽碎拌匀（见图2-9-8）。

步骤5：拌匀的鸭肉铺在模具底部，铺平，上层铺上土豆泥，淋上少许黄油和马苏里拉芝士碎，再均匀撒上面包糠（见图2-9-9）下入200℃烤箱烤10分钟至上层变金黄色即可取出摆盘（见图2-9-10）。

图2-9-5 煮制鸭腿肉

图2-9-6 刀工成型

图2-9-7 土豆切块

图 2-9-8　拌制鸭肉　　　　图 2-9-9　焗制　　　　图 2-9-10　装盘

五、拓展创新探究

千层类菜肴在西餐中是较为常见的菜肴之一，一般以土豆千层和意大利面千层为主。本道菜品可以把下层的鸭肉换成意大利面，即可制成"意大利面千层酥"。

知识链接

世界三大料理之一——法国菜

提起法国，人们都会想到浪漫，法国的确是浪漫的代名词，而在饮食方面，法餐也是极负盛名的，受到世界上很多人的喜爱。

法国菜，指的是一种源自法国的欧洲烹饪系统，特点是摆盘精致优雅、分量少、以葡萄酒入菜。法国菜遍布全球，擅长营造奢华感，在料理界中经常能占到最高级别的位置，故而有"西餐之首"的美誉。

法国菜的特点是选料广泛，用料新鲜，滋味鲜美，讲究色、香、味、形的配合，重用牛肉、禽类、海鲜和蔬菜水果，特别是蜗牛、黑菌、蘑菇、芦笋等。法国菜烧得比较生，调味喜用酒，菜和酒的搭配有严格规定，如清汤用葡萄酒、火鸡用香槟等。

综合评价

生产制作完成后，由你本人、你所在的小组其他成员和生产制作指导老师组成综合性评价小组，依据标准填写下列评价表。

"鸭肉千层酥"实训综合评价表

评价主体	评价要素								比例	分值
	实施前		实施中			实施后		合计		
	资料查找 10%	项目分析 20%	原料准备 10%	生产规范 20%	成品质量 15%	清洁卫生 15%	实训报告 10%	100%		
自我评价									30%	
小组评价									30%	
老师评价									40%	
总　分									100%	

项目 10

法式煎鸽肉

法式煎鸽肉
操作视频

项目目标

1. 知道制作法式煎鸽肉所需的主辅料、调料,并能按标准选用。
2. 掌握法式煎鸽肉生产制作步骤、成品质量标准和安全操作注意事项。
3. 能按照企业厨房生产管理有关规定,依据项目实施说明做好各项准备,在团队成员相互配合下独立完成法式煎鸽肉的生产制作。
4. 提升"珍惜粮食、厉行节约"的意识并转化为行动。

✶✶✶✶✶✶

项目分析

法式煎鸽肉(见图 2-10-1)具有"口感软嫩、香味浓郁、色彩鲜艳"的特点。在法国,鸽子肉是高级美食的代表之一,常常出现在米其林星级餐厅的菜单上。法国厨师们将鸽子肉烹饪成各种精致的菜肴,展现出独特的法国烹饪艺术。本道菜品选用鸽子作为主要原料,搭配时蔬和藜麦一起食用,荤素搭配合理,营养均衡全面。为高质量地完成本项目,各学员不仅要做好准备,还应认真分析以下几个核心问题:

图 2-10-1 法式煎鸽肉成品图

1. 查询资料,了解鸽子肉在西餐中的运用情况。_____
2. 查询资料,了解法式菜肴的特点。_____
3. 烹饪成菜时,煎技法应如何运用才能确保鸽肉质量?_____
4. 装盘时需要注意什么?_____

✶✶✶✶✶✶

项目实施

一、主辅料、调料识别与准备

主料:乳鸽半只(见图 2-10-2)。

辅料:三色藜麦 30g,帕玛森芝士碎 20g,芦笋 30g,青瓜 50g,豌豆粒 10g(见图 2-10-3)。

调料:白葡萄酒 50ml,黄油 30g,橄榄油 30ml,黑胡椒碎 3g,花椒碎 3g,盐 2g,百里香 5g,布朗基础汤 30ml,蜂蜜 10g,黄油面酱 20g(见图 2-10-4)。

图 2-10-2　主料

图 2-10-3　辅料

图 2-10-4　调料

二、制作流程识读

腌制乳鸽→加工配菜→煎制乳鸽→调制酱汁→装盘。

三、技术要点解析

1. 选择优质的鸽子肉是保证此菜口味的关键。

2. 初步加工时可以将鸽子肉浸泡在 2% 的淡盐水中 30~60 分钟，可较好的祛除异味，并使鸽子肉更加鲜嫩。

3. 可以搭配不同的食材，如蔬菜、水果、米饭等，增加鸽子肉的口感。

四、依据步骤与图示制作

步骤 1：将乳鸽清洗干净后控干水分，然后在鸽肉上涂抹黑胡椒碎、花椒碎、百里香和盐等（见图 2-10-5），涂抹均匀后腌制约 20 分钟。

步骤 2：将芦笋放在砧板上切成段，青瓜片、豌豆粒飞水捞出，锅内下入黄油煎扒，用盐、黑胡椒碎调味（见图 2-10-6），翻炒均匀后盛出备用。

步骤 3：平底锅烧热后放入适量的橄榄油，将乳鸽放入锅中煎制（见图 2-10-7），煎上色后放入 180℃烤箱烤 5 分钟。

步骤 4：起锅下入少许水，烧开后下入三色藜麦，加入部分白葡萄酒和帕玛森芝士碎一起煮至汁水收干，捞出备用（见图 2-10-8）。

步骤 5：锅烧热下入黄油化开，下入布朗基础汤、白葡萄酒、蜂蜜和百里香，加入黄油面酱收稠制成香草蜜糖汁（见图 2-10-9）。

步骤 6：取出乳鸽，先把煮好的三色藜麦放入盘中做成半圆形，另一边摆上一半乳鸽（见图 2-10-10），点缀上扒好的配菜，淋上酱汁即可完成出品。

图 2-10-5　腌制乳鸽

图 2-10-6　煎制配菜

图 2-10-7　煎制

图 2-10-8 煮三色藜麦

图 2-10-9 香草蜜糖汁

图 2-10-10 装盘

五、拓展创新探究

鸽肉营养价值极高，经常被应用在高档西餐中；同时鸽子的烹饪形式也多种多样，如采用"烩"的方式可制成"红酒烩乳鸽"，采用"炸"的方式可制成"炸乳鸽"等。

知识链接

粮食之母——藜麦

1. 概述：藜麦原产于南美洲安第斯山区，是安第斯土著居民的主要食物，被当地人称为"粮食之母"。联合国粮农组织（FAO）认为，它是最适宜人类的完美"全营养食物"。

2. 分类：藜麦主要分为三种颜色，即白藜麦、红藜麦和黑藜麦。

白藜麦：因为颜色和象牙很像，又称为象牙藜，是最普遍的藜麦，闻起来有青草的味道，口味清新，口感清脆。

红藜麦：闻起来有坚果味，外观鲜艳，在西式料理中会用来做沙拉的点缀装饰。

黑藜麦：含有丰富的矿物质，吃起来带有甜味，又很有嚼劲。

综合评价

生产制作完成后，由你本人、你所在的小组其他成员和生产制作指导老师组成综合性评价小组，依据标准填写下列评价表。

"法式煎鸽肉"实训综合评价表

评价主体	评价要素							比例	分值
	实施前		实施中			实施后		合计		
	资料查找 10%	项目分析 20%	原料准备 10%	生产规范 20%	成品质量 15%	清洁卫生 15%	实训报告 10%	100%	
自我评价								30%	
小组评价								30%	
老师评价								40%	
总　分									100%	

模块小结

　　本模块包含具有代表性的禽肉类西餐热菜中的法式奶油芥末鸡排、香煎鸡扒配香菇红酒汁、蓝带鸡排、烤春鸡、迷迭香烤鸡腿、煎酿鸡胸、香橙鸭胸、法式油封鸭腿、鸭肉千层酥、法式煎鸽肉等实训项目。

　　禽类烹饪原料指的是人工豢养的鸟类动物，主要为了获取其肉、卵和羽毛，一般为雉科和鸭科动物，如鸡、鸭、鹅、鹌鹑等；也有其他科的鸟类，如火鸡、鸽和各种鸣禽动物。禽类烹饪原料是人们喜食的食物，尤其是鸡和火鸡，这是因为禽肉富含高质量蛋白质，而且热量较低。特别是去皮之后，其脂肪和胆固醇含量也较低。西餐常用的禽类原料有鸡、火鸡、珍珠鸡、鸭、鹅、鸽等。

　　禽肉含有的营养成分与畜肉大致相似，均含有优质蛋白质和氨基酸，易被人体吸收和利用。禽类脂肪的熔点较低，易于消化。禽类肝脏中富含维生素 A，并且维生素 B2 的含量也很丰富。

　　禽肉在烹饪中应用广泛，是西餐中常用的烹饪原料，几乎可使用所有的西餐烹调方法，广泛用于开胃菜、热菜等。

练习题

 扫描下方二维码进行线上答题。

练习题

模块三
水产类菜品制作

西餐热菜工艺

学习目标

知识目标：

- 了解英式炸鱼柳的文化内涵。
- 了解低温慢煮烹饪技法的运用技巧。
- 熟悉西餐温煮技法的运用及代表性菜肴的风味特点。
- 掌握西餐焗制菜肴制作的原料选用特点及工艺流程。
- 掌握西餐"鱼蓉卷"成型的关键。

能力目标：

- 能对小组成员的实训角色进行恰当分配，并能做好组织、统筹、监督、检查的工作。
- 能较好运用初加工技术、刀工技术，依据项目实施相关要求做好水产类西式代表菜肴的准备工作。
- 能够制作水产类西式代表菜肴，且工艺流程、制作步骤、成菜质量等符合相关标准。
- 通过对相关知识的学习与水产类西式代表菜肴的制作，结合餐饮行业的发展方向及市场需求，能创新、开发适销对路的水产类新西餐。

素质目标：

- 具备较强的生态环境保护意识。
- 具有较强的标准化意识。
- 具备化压力为奋进的动力的奋斗意识。
- 理解终身发展和奋斗精神的重要意义。
- 理解守护百姓"舌尖上的安全"责任和义务。

项目 1

英式炸鱼柳配鞑靼汁

英式炸鱼柳配鞑靼汁操作视频

项目目标

1. 知道制作英式炸鱼柳配鞑靼汁所需的主辅料、调料,并能按标准选用。
2. 掌握英式炸鱼柳配鞑靼汁生产制作步骤、成品质量标准和安全操作注意事项。
3. 能按照企业厨房生产管理有关规定,依据项目实施说明做好各项准备,在团队成员相互配合下独立完成英式炸鱼柳配鞑靼汁的生产制作。
4. 增强"生态环境保护"意识,投身生态文明建设,让美丽与发展同行。

******

项目分析

英式炸鱼柳配鞑靼汁(见图 3-1-1)具有"色泽金黄、香味浓郁、口感外酥里嫩"的特点,是英国的国菜之一,一般使用白颜色的鱼肉来制作,如银鳕鱼、黑线鳕、鲽鱼、鳐鱼、牙鳕等。此菜是最受英国人欢迎的经典菜肴之一,相较比萨、烤肉串等其他快餐食品,它属于价廉物美的菜品。为高质量地完成本项目,各学员不仅要做好准备,还应认真分析以下几个核心问题:

图 3-1-1 英式炸鱼柳配鞑靼汁成品图

1. 鳕鱼肉有何特点?_____
2. 炸制过程中如何防止鱼块过多地吸收油脂?_____
3. 调制炸鱼脆皮糊需要用到哪些原料?_____
4. 装盘时需要注意什么?_____

******

项目实施

一、主辅料、调料识别与准备

主料: 鳕鱼柳 200g(见图 3-1-2)。

辅料: 低筋面粉 100g,玉米淀粉 50g,啤酒 100ml,小苏打 5g,鸡蛋 1 个,酸黄瓜 20g,洋葱末 20g,蒜末 10g,莳萝草 5g(见图 3-1-3)。

调料: 蛋黄酱 30g,第戎芥末酱 10g,柠檬汁 5ml,盐 1g,黑胡椒粉 1g(见图 3-1-4)。

图 3-1-2 主料

图 3-1-3 辅料

图 3-1-4 调料

二、制作流程识读

腌制鱼柳→调制脆皮糊→调制酱汁→裹糊→炸制→捞出控油→装盘。

三、技术要点解析

1. 脆皮糊中加入啤酒（或苏打水）会比加入清水炸制效果更松脆。
2. 鱼肉炸好后用厨房纸吸掉多余油分，会令鱼肉保持松脆的时间更持久。

四、依据步骤与图示制作

步骤1：将鳕鱼柳放在盛器中，用厨房纸将表面的水分吸干，然后撒上盐、黑胡椒粉抓拌均匀（见图3-1-5），腌制约10分钟。

步骤2：取80g低筋面粉，加入玉米淀粉、小苏打和啤酒混合成脆皮糊备用（见图3-1-6）。

步骤3：鸡蛋煮熟取蛋白切碎，酸黄瓜切碎后和洋葱末、蒜末、莳萝草末一起加入蛋黄酱、第戎芥末酱和柠檬汁，加入少许盐和黑胡椒粉调味制成鞑靼汁（见图3-1-7）。

步骤4：腌制好的鱼柳裹上低筋面粉后再下入脆皮糊中裹匀（见图3-1-8）。

步骤5：油锅加热到150℃后下入裹好脆皮糊的鱼柳炸至金黄捞出控油（见图3-1-9）。

步骤6：酱汁画盘，摆上炸好的鱼柳即可完成出品（见图3-1-10）。

图 3-1-5 腌制鱼柳

图 3-1-6 调制脆皮糊

图 3-1-7 调制酱汁

图 3-1-8 沾裹脆皮糊

图 3-1-9 炸制

图 3-1-10 装盘

五、拓展创新探究

英式炸鱼柳作为油炸类菜肴，酱汁的选配可以多样化，如喜欢酸辣的，可以把鞑靼汁换成黄芥末汁；喜欢酸甜口味的可以直接搭配番茄酱，配菜也可以搭配炸薯条一起食用。

知识链接

鱼中贵族——"鳕鱼"

鳕鱼是全世界年捕捞量最大的鱼类之一，具有重要的食用和经济价值。

1. **营养价值**：鳕鱼肉味甘美、营养丰富。肉中蛋白质比三文鱼、鲳鱼、鲥鱼、带鱼都高，而肉中所含脂肪和鲨鱼一样只有 0.5%，要比三文鱼低 17 倍，比带鱼低 7 倍。

2. **烹饪运用**：鳕鱼可以用多种方式进行烹制，蘸调味汁食用味道尤为鲜美。鳕鱼可被制成鱼肉罐头、鳕鱼干或腌熏鱼；鳕鱼子可新鲜食用，也可熏制或腌制。

综合评价

生产制作完成后，由你本人、你所在的小组其他成员和生产制作指导老师组成综合性评价小组，依据标准填写下列评价表。

"英式炸鱼柳配鞑靼汁"实训综合评价表

评价主体	评价要素							比例	分值
	实施前		实施中			实施后		合计		
	资料查找 10%	项目分析 20%	原料准备 10%	生产规范 20%	成品质量 15%	清洁卫生 15%	实训报告 10%	100%		
自我评价									30%	
小组评价									30%	
老师评价									40%	
总　分									100%	

项目 2

海鲈鱼主菜配柠檬黄油汁

海鲈鱼主菜配柠檬黄油汁操作视频

项目目标

1. 知道制作海鲈鱼主菜配柠檬黄油汁所需的主辅料、调料,并能按标准选用。
2. 掌握海鲈鱼主菜配柠檬黄油汁生产制作步骤、成品质量标准和安全操作注意事项。
3. 能按照企业厨房生产管理有关规定,依据项目实施说明做好各项准备,在团队成员相互配合下独立完成海鲈鱼主菜配柠檬黄油汁的生产制作。
4. 深入理解"标准化"对质量和安全控制的指导意义。

* * * * * *

项目分析

海鲈鱼主菜配柠檬黄油汁(见图3-2-1)具有"口感细腻、口味鲜美、营养丰富"的特点,本道菜品采用了两种烹调手法,有一定的技术难度。海鲈鱼是食用价值很高的经济鱼类,因其肉质细嫩、肥美而受到广大消费者欢迎。为高质量地完成本项目,各学员不仅要做好准备,还应认真分析以下几个核心问题:

图3-2-1 海鲈鱼主菜配柠檬黄油汁成品图

1. 查询2023年国赛技术文件,了解制作此菜的技术要求。_____
2. 低温慢煮烹饪技法的运用技巧有哪些?_____
3. 制作鱼蓉时需要注意什么?_____

* * * * * *

项目实施

一、主辅料、调料识别与准备

主料:鲈鱼肉200g,土豆30g,芦笋30g,西蓝花30g(见图3-2-2)。

辅料:西葫芦50g,胡萝卜50g,洋葱20g,鸡蛋1个,黄面包糠30g(见图3-2-3)。

调料:黄油30g,白葡萄酒50ml,柠檬汁10ml,淡奶油20ml,白兰地15ml,黑胡椒粉1g,盐2g(见图3-2-4)。

图 3-2-2　主料

图 3-2-3　辅料

图 3-2-4　调料

二、制作流程识读

腌制鱼柳→制鱼蓉→刀工处理→卷制→煮制鱼卷→调制酱汁→煎制鱼柳→卷蔬菜片→改刀→装盘。

三、技术要点解析

1. 制鱼蓉前应把水吸干，搅打要细腻。

2. 煮制鱼卷的水温不宜过高，控制在 80℃ 左右即可。

3. 装盘、摆盘过程应按照凉菜卫生标准执行，确保不被污染。

四、依据步骤与图示制作

步骤 1：将海鲈鱼分成 2 份，其中一份用盐、黑胡椒粉和白兰地腌制（见图 3-2-5），另一部分用料理机搅打成鱼蓉。

步骤 2：蛋黄蛋清分别盛装，洋葱切末，胡萝卜、西葫芦刨片，土豆压圆，西蓝花切块，芦笋切段，另一部分胡萝卜修成橄榄形（见图 3-2-6）。

步骤 3：鱼蓉搅打均匀后加入蔬菜末，拌匀后卷成圆柱形（见图 3-2-7），入 80℃ 水中煮约 25 分钟后将各类蔬菜放入，煮熟捞出调味备用。

步骤 4：起锅烧热后下入白葡萄酒，烧开后倒入淡奶油，搅拌均匀后小火收稠（见图 3-2-8），加入柠檬汁和盐调味制成柠檬黄油汁备用。

步骤 5：把鱼柳用厨房纸吸干表面的水分，然后沾上蛋黄液，再沾上黄面包糠。平底锅烧热黄油，之后将鱼柳放入锅中煎至成熟（见图 3-2-9）。

步骤 6：煮好的鱼肉捞出，卷上西葫芦片，修好造型后摆入盘中（见图 3-2-10），再放上煎好的鱼柳和配菜，最后浇上酱汁即可完成出品。

图 3-2-5　腌制鱼柳

图 3-2-6　辅料刀工成品

图 3-2-7　包卷

图 3-2-8 煮制酱汁

图 3-2-9 煎制鱼柳

图 3-2-10 装盘

五、拓展创新探究

柠檬黄油汁也可以替换成奶油汁、荷兰汁等，配菜也可以更换成圣女果、菠菜叶、胡萝卜等。根据季节变化调整不一样的搭配，让营养更均衡。

知识链接

营养美味——"鲈鱼"

鲈鱼一般又称花鲈，主要分布于西北太平洋，在我国沿海及各大通海江河均有分布，常栖息于河口。花鲈是次要经济鱼类，是近海重要渔业对象。

1. **烹饪运用**：鲈鱼肉嫩味美，其肉常做成生鱼片，余下部分则可炖汤，属于上等的食用鱼类。除鲜销外还可以制成咸干品。在西餐烹饪中常加工成鱼柳、鱼排，常采用炸、煎、煮等烹调方法成菜。

2. **营养价值**：肉质洁白肥嫩，味道鲜美，富含不饱和脂肪酸、蛋白质、维生素、钙、镁、锌、硒等营养物质，具有很好的滋补作用。常吃鲈鱼可起到健脾养胃、安胎补中、补脑健脑、增强免疫力的作用。

综合评价

生产制作完成后，由你本人、你所在的小组其他成员和生产制作指导老师组成综合性评价小组，依据标准填写下列评价表。

"海鲈鱼主菜配柠檬黄油汁"实训综合评价表

评价主体	评价要素								比例	分值
	实施前		实施中			实施后		合计		
	资料查找 10%	项目分析 20%	原料准备 10%	生产规范 20%	成品质量 15%	清洁卫生 15%	实训报告 10%	100%		
自我评价									30%	
小组评价									30%	
老师评价									40%	
总 分									100%	

项目 3

温煮三文鱼

温煮三文鱼
操作视频

项目目标

1. 知道制作温煮三文鱼所需的主辅料、调料,并能按标准选用。
2. 掌握温煮三文鱼生产制作步骤、成品质量标准和安全操作注意事项。
3. 能按照企业厨房生产管理有关规定,依据项目实施说明做好各项准备,在团队成员相互配合下独立完成温煮三文鱼的生产制作。
4. 培养"化压力为奋进的动力"的奋斗意识,提振干事创业的决心和信心。

* * * * * *

项目分析

温煮三文鱼(见图 3-3-1)具有"鱼块整齐不碎、软嫩多汁、酸咸适口"的特点,此菜采用温煮技法成菜,由于温煮使用的温度较低,所以,这种烹调方法对原料的组织及营养破坏很小。三文鱼肉含有丰富的蛋白质,且含量远远高于其他鱼类。同时,三文鱼肉内还含有丰富的不饱和脂肪酸,营养成分极高。为高质量地完成本项目,各学员不仅要做好准备,还应认真分析以下几个核心问题:

图 3-3-1 温煮三文鱼成品图

1. 优质三文鱼的品质特征有哪些?＿＿＿＿＿＿＿＿＿＿＿＿＿＿＿＿＿＿＿＿＿
2. 西餐"温煮"技法基本流程与技巧有哪些?＿＿＿＿＿＿＿＿＿＿＿＿＿＿＿
3. "温煮"的温度一般控制在什么范围?＿＿＿＿＿＿＿＿＿＿＿＿＿＿＿＿＿＿
4. 制作此菜的盛器有什么显著特征?＿＿＿＿＿＿＿＿＿＿＿＿＿＿＿＿＿＿＿

* * * * * *

项目实施

一、主辅料、调料识别与准备

主料:三文鱼肉 1 块约 120g(见图 3-3-2)。
辅料:西芹 25g,胡萝卜 20g,土豆 30g,干葱 10g(见图 3-3-3)。
调料:干白葡萄酒 10ml,柠檬汁 4ml,鲜百里香 2g,香叶 2 片,黑胡椒碎 1g,盐 2g,橄榄油 5ml,黄油 10g,鱼清汤 450ml(见图 3-3-4)。

图 3-3-2 主料

图 3-3-3 辅料

图 3-3-4 调料

二、制作流程识读

配菜刀工处理→炒制配菜→调制温煮汤→调味→放入鱼块煮制→装盘。

三、技术要点解析

1. 温煮的温度控制在 70~90℃，保持微沸状态即可。
2. 需要根据不同的食材和口感需求来调整加热时间和温度。

四、依据步骤与图示制作

步骤 1：将西芹切块，胡萝卜去皮切块，土豆去皮切块，干葱切块（见图 3-3-5）。

步骤 2：锅中加入橄榄油、黄油，待黄油融化后加入干葱、西芹、胡萝卜、土豆等炒制（见图 3-3-6），炒香后放入干白葡萄酒，煮至酒精挥发，加入鱼清汤（见图 3-3-7）。

步骤 3：加入鲜百里香、香叶、黑胡椒碎及盐调味后煮制（见图 3-3-8）。

步骤 4：煮制约 10 分钟后，将三文鱼块放入汤锅中（见图 3-3-9），保持微沸的状态煮约 8 分钟，至鱼肉熟透，挤入柠檬汁。

步骤 5：将煮好的胡萝卜、西芹、土豆等捞出，放在盛菜碟中，然后摆上三文鱼块（见图 3-3-10），淋上煮鱼原汁，稍加点缀即可上菜。

图 3-3-5 辅料刀工成品

图 3-3-6 炒制辅料

图 3-3-7 加入鱼清汤

图 3-3-8 放入香料

图 3-3-9 煮制三文鱼块

图 3-3-10 装盘

五、拓展创新探究

三文鱼是名贵鱼类之一，鳞小刺少，肉色橙红，肉质细嫩鲜美，既可直接生食，又能烹制菜肴，是深受人们喜爱的鱼类。西餐中最为常见的是制作刺身，其次是运用煎、烤、水煮等烹饪方法成菜。

知识链接

探索"温煮"技法的奥秘

1. 概念：温煮就是用较低的温度，通过水、基础汤或葡萄酒等液体，用较慢的时间，把原料加工成熟的烹调方法。

2. 适用范围：温煮适宜制作质地鲜嫩、粗纤维少、水分充足的原料，如鸡蛋、水果、鱼虾、嫩鸡等。

3. 操作要点：

（1）根据原料的不同，温煮的温度应掌握在70~90℃。一般情况下，原料的质地越嫩、体积越小，适用的温度越低。

（2）煮制原料的水或汤不可太多，以完全浸没原料为宜。

（3）烹调过程中要始终保持火候均匀一致，以使原料在相同的时间内同时成熟。

（4）烹调过程中可以加盖保温，但要注意适当打开锅盖，以使原料中的不良气味挥发出去。

（5）要及时除去汤中的浮沫，以防浮沫煮到原料中。

综合评价

生产制作完成后，由你本人、你所在的小组其他成员和生产制作指导老师组成综合性评价小组，依据标准填写下列评价表。

"温煮三文鱼"实训综合评价表

评价主体	评价要素							合计 100%	比例	分值
	实施前		实施中			实施后				
	资料查找 10%	项目分析 20%	原料准备 10%	生产规范 20%	成品质量 15%	清洁卫生 15%	实训报告 10%			
自我评价									30%	
小组评价									30%	
老师评价									40%	
总　分									100%	

项目 4

铁扒大虾配红酒汁

铁扒大虾配红酒汁
操作视频

项目目标

1. 知道制作铁扒大虾配红酒汁所需的主辅料、调料,并能按标准选用。
2. 掌握铁扒大虾配红酒汁生产制作步骤、成品质量标准和安全操作注意事项。
3. 能按照企业厨房生产管理有关规定,依据项目实施说明做好各项准备,在团队成员相互配合下独立完成铁扒大虾配红酒汁的生产制作。
4. 通过在水、电、气及原料综合利用方面的训练,培养"勤俭节约精神"。

＊＊＊＊＊＊

项目分析

铁扒大虾配红酒汁(见图3-4-1)具有"色彩鲜艳、味道咸鲜、香味浓郁、口感外酥里嫩"的特点,此菜属于法式菜肴,是西餐中比较有代表性的海鲜菜肴之一。大虾腹部肌肉发达,肉色洁白,质地紧实而细嫩,味鲜美,营养丰富,便于人体吸收。西餐中常采用焗、烤、奶油煮等方式成菜。为高质量地完成本项目,各学员不仅要做好准备,还应认真分析以下几个核心问题:

图3-4-1　铁扒大虾配红酒汁成品图

1. 铁扒技法的操作要点是什么?　_____
2. 哪些环节会直接影响成品质量?　_____
3. 大虾加工过程中如何去除"虾线"?　_____
4. 扒制大虾的温度宜控制在什么范围?　_____

＊＊＊＊＊＊

项目实施

一、主辅料、调料识别与准备

主料:斑节虾2只(见图3-4-2)。

辅料:土豆50g,手指萝卜1根,青瓜片10g,芦笋30g,洋葱末5g,蒜末5g(见图3-4-3)。

调料:红葡萄酒30ml,白兰地10ml,黄油50g,布朗基础汤30ml,黄油面酱20g,黑胡椒粉1g,盐1g(见图3-4-4)。

图 3-4-2　主料

图 3-4-3　辅料

图 3-4-4　调料

二、制作流程识读

处理大虾→加工配菜→制作红酒汁→扒制→装盘。

三、技术要点解析

1. 初加工时应剪去虾的触须、脚及头部的"囊"，从背部剖开。
2. 扒制大虾时温度不宜太高，控制在180℃左右为宜。
3. 配菜需要焯水至熟，也可以煎至熟透。
4. 色发红、身软、壳松动的虾不新鲜，不宜选用。

四、依据步骤与图示制作

步骤1：将大虾放在砧板上，去掉大虾的触须和腹部的腿，然后从背部片开，使其腹部相连，洗净沙肠，用盐、黑胡椒粉和白兰地腌制（见图3-4-5）。

步骤2：将手指萝卜用刨皮刀刨去表皮，芦笋切成6cm左右的切段，连同青瓜片一起放入沸水锅中焯水至熟后捞出（见图3-4-6）。土豆去皮后切成块，放入锅中煮熟透后捞出，制成土豆泥备用（见图3-4-7）。

步骤3：用黄油把洋葱末、蒜末炒香，调入红葡萄酒，然后倒入布朗基础汤，加入黄油面酱，煮开收稠过滤制成红酒汁备用（见图3-4-8）。

步骤4：将平底锅放在煲仔炉上，锅烧热后下入黄油，待黄油融化后放入处理好的大虾，煎扒至刚刚熟透后取出（见图3-4-9）。

步骤5：盛菜盘中放入土豆泥后把扒好的大虾摆入其中，再摆上配菜，淋上红酒汁（见图3-4-10），即可完成出品。

图 3-4-5　腌制大虾

图 3-4-6　配菜焯水成品

图 3-4-7　土豆泥

图 3-4-8　红酒汁　　　　　图 3-4-9　扒制大虾　　　　　图 3-4-10　装盘

五、拓展创新探究

铁扒大虾是海鲜类菜肴，酱汁和配菜的选择比较多样化。红酒汁可以更换成黑椒汁，配菜也可以根据时令选用其他蔬菜搭配，以解除扒大虾的油腻。

知识链接

西餐菜品加工经典技法——"铁扒"

1. 概念：铁扒（Grill）是指把加工成形的原料，经调味后，用扒条炉在原料表面扒成网状的焦纹，使原料达到要求火候的烹调方法。由于温度高、时间短，从而可以使原料表面迅速碳化，而原料内部的水分流失少，呈现焦香味，并有鲜嫩多汁的特点。

2. 适用范围：适宜制作质地鲜嫩、质量上乘的肉类、小型鱼类、家禽类原料，如丁骨牛排、西冷牛排、猪排、比目鱼、鸽子等。

3. 操作要点：制作菜肴时，温度要控制在 220~250℃ 之间；扒条要保持干净，经常刷油，避免扒条与肉粘连；扒较厚的原料时，可扒出条纹后，再放入烤箱烤制，以达到要求的火候。

综合评价

生产制作完成后，由你本人、你所在的小组其他成员和生产制作指导老师组成综合性评价小组，依据标准填写下列评价表。

"铁扒大虾配红酒汁"实训综合评价表

评价主体	评价要素								比例	分值
	实施前		实施中			实施后		合计		
	资料查找 10%	项目分析 20%	原料准备 10%	生产规范 20%	成品质量 15%	清洁卫生 15%	实训报告 10%	100%		
自我评价									30%	
小组评价									30%	
老师评价									40%	
总　分									100%	

项目 5

芝士培根焗鲜贝

芝士培根焗鲜贝
操作视频

项目目标

1. 知道制作芝士培根焗鲜贝所需的主辅料、调料,并能按标准选用。
2. 掌握芝士培根焗鲜贝生产制作步骤、成品质量标准和安全操作注意事项。
3. 能按照企业厨房生产管理有关规定,依据项目实施说明做好各项准备,在团队成员相互配合下独立完成芝士培根焗鲜贝的生产制作。
4. 让学生明白想要终身发展,必须拥有强烈的"奋斗精神"。

✳ ✳ ✳ ✳ ✳ ✳

项目分析

芝士培根焗鲜贝(见图3-5-1)具有"色泽金黄、口味咸香、奶香浓郁"的特点。本道菜品荤素搭配合理,选材多样丰富,色彩搭配协调,是一道色香味俱全的海鲜菜肴。芝士,又称奶酪,是一种古老的食品,源远流长,它是由牛奶或其他动物乳,经过发酵和加工而成的食品。芝士的历史可以追溯到几千年前,它在世界各地都有着不同的版本和用途。为高质量地完成本项目,各学员不仅要做好准备,还应认真分析以下几个核心问题:

图3-5-1 芝士培根焗鲜贝成品图

1. 选用的鲜贝应满足什么标准?＿＿＿＿＿＿＿＿＿＿＿＿＿＿＿＿＿＿＿＿＿＿
2. 焗制技法的操作要点有哪些?＿＿＿＿＿＿＿＿＿＿＿＿＿＿＿＿＿＿＿＿＿＿
3. 马苏里拉芝士在口味上有什么特点?＿＿＿＿＿＿＿＿＿＿＿＿＿＿＿＿＿＿＿

✳ ✳ ✳ ✳ ✳ ✳

项目实施

一、主辅料、调料识别与准备

主料:扇贝200g,培根20g,菠菜50g(见图3-5-2)。
辅料:马苏里拉芝士碎100g,干葱头碎10g,蒜末10g,番芫荽5g,苦苣5g(见图3-5-3)。
调料:黄油30g,低筋面粉20g,白葡萄酒20ml,牛奶50ml,奶油30g,柠檬汁5ml,盐2g,胡椒粉1g(见图3-5-4)。

图3-5-2　主料

图3-5-3　辅料

图3-5-4　调料

二、制作流程识读

处理扇贝→腌制→焯烫菠菜→炒制配菜→焗制扇贝→装盘。

三、技术要点解析

1. 培根使用量要恰当控制，避免"抢味"。

2. 处理扇贝时需要将扇贝的内脏和其他杂质去除。内脏通常是指扇贝的消化腺和生殖腺，需要小心地将其取出。

3. 培根本身已有咸鲜味，调味过程中需要注意咸味调味品的使用。

四、依据步骤与图示制作

步骤1：将扇贝刷洗干净后用专用刀具将扇贝壳去掉，处理扇贝内脏和其他杂质，清洗干净扇贝肉后用白葡萄酒、柠檬汁、盐、胡椒粉把扇贝腌入味备用（见图3-5-5）。

步骤2：汤锅中加入适量清水加热，待水沸腾后放入菠菜焯水，待菠菜变软且熟透后捞出控干水分（见图3-5-6）。番芫荽切成碎。

步骤3：锅烧热用黄油把干葱头碎、蒜末炒香，放入牛奶、低筋面粉、奶油和菠菜，炒至浓稠制成奶油菠菜后取出摆入盘中垫底（见图3-5-7）。

步骤4：另起锅下入黄油、番芫荽碎和扇贝煎熟（见图3-5-8），再把培根煎出香味后切片。盘中放上菠菜，铺上培根片，再放上炒好的扇贝（见图3-5-9），最后表面上撒上马苏里拉芝士碎。

步骤5：将配好的扇贝放在烤盘里，放进烤箱焗制，焗至芝士表面上色即可取出装盘，点缀苦苣（见图3-5-10）即可上菜。

图3-5-5　腌制扇贝

图3-5-6　焯水菠菜

图3-5-7　奶油菠菜

图 3-5-8　煎制扇贝

图 3-5-9　装入焗碗

图 3-5-10　装盘

五、拓展创新探究

依据本食谱，可将奶油菠菜换成时蔬沙拉、土豆泥等，也可根据消费者需求搭配其他酱汁和一些季节性时蔬，还可以把扇贝换成三文鱼制成香煎三文鱼配奶油菠菜等。

知识链接

西餐经典技法——"焗"

1. 概念：焗（Baked）是指把经过初加工或初步热加工的原料浇上所需的少司，在烤箱或明火焗炉中焗制成熟上色的烹调方法。

2. 成品特点：由于采用此方法制作的菜肴表层盖有少司，所以可有效地保护菜肴水分和原料质地的鲜嫩，并增加菜肴的美观度，同时具有气味芳香、口味浓郁、色泽诱人、口感鲜嫩的特点。

3. 操作要点：焗制温度应控制在 140~250℃之间；制作菜肴时，烤盘底部要抹少许油，以免菜肴粘在烤盘上；调制的少司要稍稠些，浇在原料上面的少司要均匀；菜肴表面焗成金黄色，颜色要均匀。

综合评价

生产制作完成后，由你本人、你所在的小组其他成员和生产制作指导老师组成综合性评价小组，依据标准填写下列评价表。

"芝士培根焗鲜贝"实训综合评价表

评价主体	评价要素							合计 100%	比例	分值
	实施前		实施中			实施后				
	资料查找 10%	项目分析 20%	原料准备 10%	生产规范 20%	成品质量 15%	清洁卫生 15%	实训报告 10%			
自我评价									30%	
小组评价									30%	
老师评价									40%	
总　分									100%	

项目 6

佛罗伦萨式烤鱼

佛罗伦萨式烤鱼
操作视频

项目目标

1. 知道制作佛罗伦萨式烤鱼所需的主辅料、调料，并能按标准选用。
2. 掌握佛罗伦萨式烤鱼生产制作步骤、成品质量标准和安全操作注意事项。
3. 能按照企业厨房生产管理有关规定，依据项目实施说明做好各项准备，在团队成员相互配合下独立完成佛罗伦萨式烤鱼的生产制作。
4. 通过"问题导向"和"目标导向"相结合的训练策略，增强操作实用性。

✳ ✳ ✳ ✳ ✳ ✳

项目分析

佛罗伦萨式烤鱼（见图 3-6-1）具有"鱼肉鲜嫩、浓香微咸"的特点，它是意大利佛罗伦萨地区的经典代表菜品之一。制作这类菜品时通常会在鱼肉上面撒上一层酱汁，然后放进烤箱里烤制，本次实训采用的是蛋黄奶油汁。为高质量地完成本项目，各学员不仅要做好准备，还应认真分析以下几个核心问题：

图 3-6-1　佛罗伦萨式烤鱼成品图

1. 制作本菜选用什么品种的鱼肉为佳？＿＿＿＿＿＿＿＿＿＿＿＿＿＿＿＿＿＿＿＿
2. "烤"制技法分为哪些烤制方式？各有什么特点？＿＿＿＿＿＿＿＿＿＿＿＿＿
3. 制作此菜时如何保持成品菠菜翠绿的颜色？＿＿＿＿＿＿＿＿＿＿＿＿＿＿＿＿

✳ ✳ ✳ ✳ ✳ ✳

项目实施

一、主辅料、调料识别与准备

主料：鱼肉 2 块约 180g（见图 3-6-2）。

辅料：菠菜 80g，西芹丝 20g，洋葱丝 20g（见图 3-6-3）。

调料：盐 2g，黑胡椒碎 1g，柠檬汁 3ml，橄榄油 10ml，黄油 10g，奶油 5ml，奶酪粉 10g，迷迭香 2g，奶油少司 15ml，鱼清汤 20ml，鸡蛋黄 1 个，蒜蓉 3g（见图 3-6-4）。

图 3-6-2　主料

图 3-6-3 辅料

图 3-6-4 调料

二、制作流程识读

腌制鱼块→调制焗汁→装盘烤制→淋蛋黄奶油汁→烤制上色→菠菜焯水→切制菠菜→制作奶油菠菜→装盘。

三、技术要点解析

1. 西餐烤鱼宜选用新鲜度高、鱼刺少、腥味淡的海水鱼,如鲈鱼、三文鱼、鳕鱼等,这些鱼类的肉质细腻、口感鲜美,而且在烤制过程中能够更好地保持鱼肉的湿润度。

2. 烤制前应该将鱼清理干净,并适当腌制。

四、依据步骤与图示制作

步骤 1:将鱼块放入盛器中,依次加入盐、黑胡椒碎、柠檬汁、橄榄油等,抓拌均匀后静置腌制 10 分钟(见图 3-6-5)。

步骤 2:将奶油少司放入锅中,加入鱼清汤及鸡蛋黄搅拌均匀(见图 3-6-6),加热后用盐、奶酪粉调味,煮制黏稠后盛出。

步骤 3:烤盘内撒上西芹丝、洋葱丝、迷迭香,放上腌制好的鱼块,倒入鱼清汤后放入烤箱,选用 180℃的温度,烤约 10 分钟;然后淋上蛋黄奶油汁(见图 3-6-7),继续烤约 5 分钟,至微微上色。

步骤 4:将菠菜放入盐水中煮熟,捞出冲凉(见图 3-6-8),放在砧板上切碎。

步骤 5:锅中放入黄油,融化后放入蒜蓉炒香,然后加入菠菜,用盐、奶油调味后炒匀(见图 3-6-9)。

步骤 6:将菠菜放在盘底,摆上烤好的鱼块,撒上少许奶酪粉(见图 3-6-10),稍加点缀即可上菜。

图 3-6-5 腌制鱼块

图 3-6-6 调制蛋黄奶油汁

图 3-6-7 装入烤盘

图 3-6-8 菠菜焯水

图 3-6-9 炒制菠菜

图 3-6-10 装盘

五、拓展创新探究

烤制技法适宜烹饪体积较大的肉类原料，如嫩鸡、外里脊、羊腿等。原料需要加工整形，加调味品腌制入味，然后放入封闭的烤炉中加热至上色，并达到规定火候。

知识链接

欧洲著名的艺术中心——佛罗伦萨

佛罗伦萨是一座具有悠久历史的文化名城，它既是意大利文艺复兴运动的发源地，也是欧洲文化中心之一，同时，这座城市也以其丰富多样的传统美食闻名于世。

1. **面食**：佛罗伦萨的传统面食通常使用新鲜的材料和传统的手工制作方法，传统的佛罗伦萨面食之一是"细线面"，这种面条细长而富有弹性。

2. **比萨**：传统的佛罗伦萨比萨通常是薄饼型的，一般还会搭配新鲜的材料和特色的调味品。例如，佛罗伦萨的比萨经常搭配新鲜的海鲜，如鱼、虾和贝类。

3. **冷盘**：传统的佛罗伦萨冷盘通常由各种新鲜的蔬菜、奶酪和肉类组成。最有名的莫过于"佛罗伦萨火腿"。这种火腿是经典的佛罗伦萨美食，它以独特的风味和精湛的制作工艺而闻名。

综合评价

生产制作完成后，由你本人、你所在的小组其他成员和生产制作指导老师组成综合性评价小组，依据标准填写下列评价表。

"佛罗伦萨式烤鱼"实训综合评价表

评价主体	评价要素							合计	比例	分值
	实施前		实施中			实施后				
	资料查找 10%	项目分析 20%	原料准备 10%	生产规范 20%	成品质量 15%	清洁卫生 15%	实训报告 10%	100%		
自我评价									30%	
小组评价									30%	
老师评价									40%	
总 分									100%	

项目 7

意式酿鱿鱼配红椒泥

意式酿鱿鱼配红椒泥操作视频

项目目标

1. 知道制作意式酿鱿鱼配红椒泥所需的主辅料、调料，并能按标准选用。
2. 掌握意式酿鱿鱼配红椒泥生产制作步骤、成品质量标准和安全操作注意事项。
3. 能按照企业厨房生产管理有关规定，依据项目实施说明做好各项准备，在团队成员相互配合下独立完成意式酿鱿鱼配红椒泥的生产制作。
4. 理解守护百姓"舌尖上的安全"责任和义务。

＊＊＊＊＊＊

项目分析

意式酿鱿鱼配红椒泥（见图3-7-1）具有"原味突出、香酥味浓、色泽艳丽"的特点，本道菜品属意大利菜，突出原料自身味道，其独特风味与意大利悠久的历史、灿烂的文化、优越的地理位置、良好的气候、丰饶的物产是分不开的。鱿鱼肉质鲜嫩，柔而细腻，味美，可加工成鱿鱼干，被国际海味市场列为"一级食品"；鱿鱼个大，肉质和风味与鲍鱼相似。为高质量地完成本项目，各学员不仅要做好准备，还应认真分析以下几个核心问题：

图 3-7-1　意式酿鱿鱼配红椒泥成品图

1. 鱿鱼初加工的标准是什么？＿＿＿＿＿＿＿＿＿＿＿＿＿＿＿＿＿＿＿＿＿＿＿＿＿
2. 烤制鱿鱼的过程中应注意什么？＿＿＿＿＿＿＿＿＿＿＿＿＿＿＿＿＿＿＿＿＿＿＿
3. 酿制时如何防止馅料在烤制过程中溢出？＿＿＿＿＿＿＿＿＿＿＿＿＿＿＿＿＿＿＿

＊＊＊＊＊＊

项目实施

一、主辅料、调料识别与准备

主料：大鱿鱼1条（见图3-7-2）。

辅料：猪肉碎（后腿肉）100g，红彩椒50g，蒜末10g，洋葱末30g，鸡蛋1个，苦苣10g（见图3-7-3）。

调料：红椒粉5g，奶油30ml，黄油10g，干白葡萄酒20ml，柠檬汁5ml，盐1g，杂香草2g，橄榄油30ml，黑胡椒碎10g（见图3-7-4）。

图3-7-2 主料

图3-7-3 辅料

图3-7-4 调料

二、制作流程识读

鱿鱼初加工→制作陷料→搅打红彩椒泥→烤制鱿鱼→改刀→装盘。

三、技术要点解析

1. 需选用体形完整坚实，外观呈粉红色、有光泽，体表面略现白霜，肉肥厚、半透明，背部不红的鱿鱼，加工时按照标准去除污物。

2. 鱿鱼须需要切碎后黏附性才好，加工后口感会更佳。

3. 恰当控制烤制温度，避免出现外焦里不熟的问题。

四、依据步骤与图示制作

步骤1：将鲜鱿鱼的头足去掉、将内脏掏出，保留身体部分完整（见图3-7-5），将鱿鱼须切碎备用（见图3-7-6）。

步骤2：猪肉碎放入盛器中，放入鸡蛋液，然后加入洋葱末、蒜末搅拌均匀，放盐、黑胡椒碎和少量干白葡萄酒调味，再放入鱿鱼须碎搅拌均匀，再酿入鱿鱼筒中，用竹签将鱿鱼口密封固定待用（见图3-7-7）。

步骤3：红彩椒下入200℃烤箱烤10分钟，剥去外皮后加入盐、黑胡椒碎、奶油、红椒粉、黄油，下入料理机打成泥取出（见图3-7-8）。

步骤4：烤箱加热到180℃，把酿好的鱿鱼放进烤盘，烤盘底部铺上橄榄油，鱿鱼淋上干白葡萄酒（见图3-7-9），烤约30分钟。

步骤5：将做好的红椒泥装盘垫底，再把烤好的鱿鱼改刀摆盘（见图3-7-10），最后点缀奶油、苦苣和杂香草即可上菜。

图3-7-5 加工后的鱿鱼筒

图3-7-6 鱿鱼须刀工成品

图3-7-7 酿制成品

图 3-7-8　红彩椒泥　　　　图 3-7-9　烤制　　　　图 3-7-10　改刀装盘

五、拓展创新探究

意式酿鱿鱼也可以更换烹调方法，使用焖或蒸煮的烹调方式均可；肉馅也可以更换为牛肉或者糯米等。

知识链接

海中神奇生物——"鱿鱼"

鱿鱼，属于头足纲软体动物一类，是海洋中一群神秘而迷人的生物，是海洋生态系统中的重要一员。

鱿鱼在人类文化和饮食中具有重要的地位。鱿鱼是一种营养丰富、美味独特的海鲜食材。其外观诱人、烹饪方法丰富多样，且含有极高的营养价值，是非常名贵的海产品。

综合评价

生产制作完成后，由你本人、你所在的小组其他成员和生产制作指导老师组成综合性评价小组，依据标准填写下列评价表。

"意式酿鱿鱼配红椒泥"实训综合评价表

评价主体	评价要素								比例	分值
	实施前		实施中			实施后		合计		
	资料查找 10%	项目分析 20%	原料准备 10%	生产规范 20%	成品质量 15%	清洁卫生 15%	实训报告 10%	100%		
自我评价									30%	
小组评价									30%	
老师评价									40%	
总　分									100%	

项目 8

芝士焗生蚝

芝士焗生蚝
操作视频

项目目标

1. 知道制作芝士焗生蚝所需的主辅料、调料,并能按标准选用。
2. 掌握芝士焗生蚝生产制作步骤、成品质量标准和安全操作注意事项。
3. 能按照企业厨房生产管理有关规定,依据项目实施说明做好各项准备,在团队成员相互配合下独立完成芝士焗生蚝的生产制作。
4. 坚定理想信念,把牢"有理想"的标准,成为中华民族伟大复兴的先锋力量。

* * * * * *

项目分析

芝士焗生蚝(见图3-8-1)具有"色泽金黄、鲜嫩多汁、奶香味浓郁"的特点,此菜是法餐中的经典菜肴,创意来源于法国菜系里著名的芝士焗蜗牛。生蚝的口感是很多人喜欢的,它的肉质细嫩,吃起来爽脆可口。生蚝的味道有点咸甜,而且含有一定的蛋白质和微量元素,对人体有益。为高质量地完成本项目,各学员不仅要做好准备,还应认真分析以下几个核心问题:

图 3-8-1　芝士焗生蚝成品图

1. 优质生蚝的品相有哪些?＿＿＿＿＿＿＿＿＿＿＿＿＿＿＿＿＿＿＿＿＿＿＿
2. 焗制此菜的最佳温度是多少?＿＿＿＿＿＿＿＿＿＿＿＿＿＿＿＿＿＿＿＿＿
3. 西餐焗制技法一般使用什么设备进行操作?＿＿＿＿＿＿＿＿＿＿＿＿＿＿＿
4. 生蚝有哪些营养特点?＿＿＿＿＿＿＿＿＿＿＿＿＿＿＿＿＿＿＿＿＿＿＿＿

* * * * * *

项目实施

一、主辅料、调料识别与准备

主料:大生蚝2只约500g(见图3-8-2)。

辅料:马苏里拉芝士碎60g,鸡蛋1个,鲜薄荷1片,黄柠檬1/4个,圣女果2个(见图3-8-3)。

调料:原味蛋黄酱30g,法式黄芥末酱3g,黑胡椒碎1g,淡奶油5ml,青酱3g(见图3-8-4)。

图 3-8-2 主料

图 3-8-3 辅料

图 3-8-4 调料

二、制作流程识读

生蚝初加工→调制焗汁→装入蚝壳→淋酱汁→放芝士碎→焗制→装盘→搭配配菜成菜。

三、技术要点解析

1. 新鲜的生蚝质地嫩滑，味道鲜美。在选择生蚝时要先闻味道，新鲜的生蚝会散发出清新的海水味；然后看两片壳是否紧密闭合，新鲜的生蚝外壳是紧闭的，或是轻敲后能够闭合。

2. 芥末奶油酱应呈现浓稠状，防止过稀不成型。

3. 应恰当控制焗制温度，温度范围在175℃至185℃为宜，并控制好时间，一定要保证生蚝被充分烤熟。

四、依据步骤与图示制作

步骤1：用专用的刷子将生蚝壳刷洗干净，然后用生蚝刀将蚝壳撬开（见图3-8-5），将蚝肉取出后清洗干净，并控干水分。

步骤2：将清洗干净的蚝肉放入盛器中（见图3-8-6），再次清洗蚝壳。

步骤3：将原味蛋黄酱放入小碗中，加入淡奶油、鸡蛋黄、法式黄芥末酱、黑胡椒碎，挤入黄柠檬汁，搅拌均匀即成芥末奶油酱（见图3-8-7），然后装入裱花袋中。

步骤4：将生蚝壳放在烤盘中，挤上一层芥末奶油酱，放芝士碎再放上蚝肉，在蚝肉上继续挤上一层芥末奶油酱，再放上芝士碎（见图3-8-8）。

步骤5：放入180℃的烤箱中，烘烤约10分钟后芝士融化上色即可取出（见图3-8-9）。

步骤6：将生蚝放进盛菜碟中，点缀上薄荷叶、柠檬块和圣女果，淋上青酱即可上菜（见图3-8-10）。

图 3-8-5 取生蚝肉

图 3-8-6 干净的生蚝肉

图 3-8-7 调制调味酱汁

图 3-8-8　原料装入蚝壳　　　图 3-8-9　烤制　　　图 3-8-10　装盘

五、拓展创新探究

焗类菜肴在西餐中应用非常广泛，本道作品芝士焗生蚝可以把生蚝换成龙虾，采用同样的制作工艺与手法即可得到另一道西餐经典菜肴"芝士焗龙虾"。

知识链接

藏在海里的"牛奶"——"生蚝"

1. 简介：生蚝是珍珠贝目、牡蛎科软体动物，是人类可利用的重要海洋生物资源之一，也是我国沿海最常见的贝类之一。生蚝具有很高的经济价值，其软体部不仅可以食用，而且具有较强的滋补作用

2. 营养价值：生蚝浑身都是宝，既可入药，也能直接食用。生蚝营养丰富，蛋白质含量高达 45%~57%，煮汤后汤汁似牛奶一般乳白，所以也有"海底牛奶"的美誉，但它所含的甘糖、多种维生素以及含钙、锌等营养成分远在牛奶之上。

综合评价

生产制作完成后，由你本人、你所在的小组其他成员和生产制作指导老师组成综合性评价小组，依据标准填写下列评价表。

"芝士焗生蚝"实训综合评价表

评价主体	评价要素							比例	分值
	实施前		实施中			实施后		合计		
	资料查找 10%	项目分析 20%	原料准备 10%	生产规范 20%	成品质量 15%	清洁卫生 15%	实训报告 10%	100%	
自我评价								30%	
小组评价								30%	
老师评价								40%	
总　分									100%	

项目 9

法式烤鲍鱼配土豆泥

法式烤鲍鱼配土豆泥操作视频

项目目标

1. 知道制作法式烤鲍鱼配土豆泥所需的主辅料、调料,并能按标准选用。
2. 掌握法式烤鲍鱼配土豆泥生产制作步骤、成品质量标准和安全操作注意事项。
3. 能按照企业厨房生产管理有关规定,依据项目实施说明做好各项准备,在团队成员相互配合下独立完成法式烤鲍鱼配土豆泥的生产制作。
4. 进一步理解在餐饮服务过程中坚持"守正创新"的重要性。

* * * * * *

项目分析

法式烤鲍鱼配土豆泥(见图 3-9-1)具有"蒜香浓郁、口味咸鲜、口感弹牙"的特点。本菜肴属于现代新式法餐的范畴,不仅味道细腻,还使人的视觉也得到美的享受。鲍鱼肉质柔嫩细滑,滋味极其鲜美,非其他海味所能比,历来被称为海味珍品之冠,西餐中常取肉后采用扒、煎、烤、焗等烹饪方法成菜。为高质量地完成本项目,各学员不仅要做好准备,还应认真分析以下几个核心问题:

图 3-9-1 法式烤鲍鱼配土豆泥成品图

1. 主料应选用鲜鲍鱼还是罐头鲍鱼?_____
2. 如何清洗新鲜鲍鱼?_____
3. 烤制时烤箱的温度与烤制时间应控制在什么范围?_____
4. 调制酱汁的蔬菜在刀工处理时有什么要求?_____

* * * * * *

项目实施

一、主辅料、调料识别与准备

主料: 大鲍鱼肉 150g(见图 3-9-2)。

辅料: 土豆 100g,洋葱末 10g,苦苣 5g,青菜椒 50g,红菜椒 50g,大蒜末 10g(见图 3-9-3)。

调料: 白葡萄酒 15ml,黄油 20g,牛奶 30ml,盐 2g,黑胡椒粉 2g(见图 3-9-4)。

图 3-9-2 主料

图 3-9-3 辅料

图 3-9-4 调料

二、制作流程识读

腌制→切制蔬菜→装入鲍鱼壳→烤制→制土豆泥→装盘。

三、技术要点解析

1. 应选用新鲜鲍鱼，加工时需要清洗掉污物。
2. 调制酱汁的各类蔬菜切成 0.3cm 左右见方的碎即可。
3. 烤制时需要恰当控制烤制时间与温度。

四、依据步骤与图示制作

步骤 1：鲍鱼去壳后改刀，下入盐、黑胡椒粉和白葡萄酒腌制（见图 3-9-5）。

步骤 2：将青红菜椒、大蒜、洋葱切碎跟黄油搅拌均匀（见图 3-9-6），放盐、黑胡椒粉调味做成黄油酱后抹在鲍鱼肉上（见图 3-9-7）。

步骤 3：烤箱调到 180℃，鲍鱼壳做底，下入涂好酱的鲍鱼烤 8 分钟（见图 3-9-8）。

步骤 4：将土豆去皮切成小块后煮熟压成土豆泥（见图 3-9-9），加入盐、黄油、牛奶和黑胡椒粉，搅拌均匀备用。

步骤 5：调好味的土豆泥挖成橄榄形放入盘中，摆上烤好的鲍鱼（见图 3-9-10），点缀苦苣即可上菜。

图 3-9-5 腌制鲍鱼　　图 3-9-6 配菜改刀成品　　图 3-9-7 装入配料

图 3-9-8 烤制　　图 3-9-9 土豆泥成品　　图 3-9-10 装盘

五、拓展创新探究

本道菜品在制作中可以将黄油酱换成马苏里拉芝士、蒜蓉酱等制成芝士鲍鱼或蒜香鲍鱼，也可根据消费者需求搭配时蔬、黑椒汁等；菜肴中的土豆泥也可以换成"芋泥""山药泥"等。

知识链接

海味之冠——"鲍鱼"

1. 简介：鲍鱼（Abalone），古称鳆，又名镜面鱼、九孔螺、将军帽。名为鱼，实则不是鱼。鲍鱼属腹足纲鲍科的单壳海生贝类，属海洋软体动物。鲍鱼呈椭圆形，肉呈紫红色，肉质柔嫩细滑，滋味鲜美，素有"一口鲍鱼一口金"之说。

2. 烹饪运用：首先是要选择质量优良的鲍鱼，注意鲍鱼的新鲜度和产地，以免食用到变质或者污染的食材。其次，干鲍鱼都经过腌制处理，所以在烹饪前需要将其浸泡一段时间，去除腌制液或者其他特殊的味道。另外，鲜鲍鱼的烹饪时间不能过长，否则鲍鱼会变得过韧，影响口感。

综合评价

生产制作完成后，由你本人、你所在的小组其他成员和生产制作指导老师组成综合性评价小组，依据标准填写下列评价表。

"法式烤鲍鱼配土豆泥"实训综合评价表

评价主体	评价要素								比例	分值
	实施前		实施中			实施后		合计		
	资料查找 10%	项目分析 20%	原料准备 10%	生产规范 20%	成品质量 15%	清洁卫生 15%	实训报告 10%	100%		
自我评价									30%	
小组评价									30%	
老师评价									40%	
总　分									100%	

项目 10

意式龙利鱼卷配番茄汁

意式龙利鱼卷配番茄汁操作视频

项目目标

1. 知道制作意式龙利鱼卷配番茄汁所需的主辅料、调料，并能按标准选用。
2. 掌握意式龙利鱼卷配番茄汁生产制作步骤、成品质量标准和安全操作注意事项。
3. 能按照企业厨房生产管理有关规定，依据项目实施说明做好各项准备，在团队成员相互配合下独立完成意式龙利鱼卷配番茄汁的生产制作。
4. 进一步理解在餐饮服务过程中坚持"守正创新"的重要性。

✶✶✶✶✶✶

项目分析

意式龙利鱼卷配番茄汁（见图 3-10-1）具有"色泽红亮、口味咸酸、香味浓郁、营养丰富"的特点。本菜肴以龙利鱼为主要原料制作而成，龙利鱼肉质鲜美，出肉率高，口感爽滑，鱼肉久煮而不老，无腥味和异味，蛋白质含量高，营养丰富。此菜采用低温慢煮的方式将鱼卷加工成熟，然后再配上酸甜开胃的番茄酱，整体搭配相得益彰。为高质量地完成本项目，各学员不仅要做好准备，还应认真分析以下几个核心问题：

图 3-10-1 意式龙利鱼卷配番茄汁成品图

1. 制作鱼卷需要用到哪些工具？_____
2. 此菜采用什么技法加工成熟？需要注意什么？_____
3. 制作此菜在主料的选用上需要注意什么？_____

✶✶✶✶✶✶

项目实施

一、主辅料、调料识别与准备

主料：龙利鱼 200g（见图 3-10-2）。

辅料：豌豆 30g，青瓜片 30g，西芹 10g，洋葱 10g，苦苣 10g，番芫荽 2g（见图 3-10-3）。

调料：黄油 30g，番茄酱 30g，淡奶油 10ml，牛尾高汤 20ml，白葡萄酒 20ml，精盐 2g，黑胡椒粉 2g，鸡蛋清 20g（见图 3-10-4）。

图 3-10-2 主料

图 3-10-3 辅料

图 3-10-4 调料

二、制作流程识读

切制→腌制鱼片→调制馅料→蔬菜焯水→卷鱼卷→调制酱汁→装盘。

三、技术要点解析

1. 冰冻龙利鱼含水量较大，加工前需充分吸干表面水分。
2. 此鱼卷属于低温慢煮菜肴，应将水温控制在 80℃。
3. 装盘、摆盘可以灵活多样，呈现"自然美"。

四、依据步骤与图示制作

步骤1：取一半的龙利鱼肉切成厚片，将鱼片放入盛器中，加入白葡萄酒、精盐、黑胡椒粉后抓拌均匀（见图 3-10-5），静置腌制约 10 分钟。

步骤2：将剩余的龙利鱼肉剁成蓉，放入盛器后加入鸡蛋清、淡奶油、精盐、白葡萄酒和黑胡椒粉搅打上劲（见图 3-10-6）。

步骤3：将西芹、洋葱、番芫荽清洗干净后放在砧板生切成小丁，青瓜片和豌豆一起放入沸水中，焯水至熟后捞出控水备用（见图 3-10-7）。

步骤4：把西芹、洋葱和番芫荽碎加入鱼茸中搅拌均匀备用。在操作台上铺上保鲜膜，均匀的将龙利鱼茸铺在保鲜膜上，将保鲜膜卷成卷并压紧两端（见图 3-10-8），然后下入 80℃水中煮 20 分钟取出改刀。

步骤5：锅烧热下入黄油，倒入番茄酱、牛尾高汤和淡奶油熬制浓稠，加入盐和黑胡椒粉调味制成番茄酱汁（见图 3-10-9）。

步骤6：熬好的酱汁装入盛菜碟中，摆上煮好的鱼肉卷、豌豆粒和青瓜卷，点缀苦苣（见图 3-10-10）即可上菜。

图 3-10-5 腌制鱼片

图 3-10-6 腌制鱼蓉

图 3-10-7 蔬菜焯水成品

图 3-10-8　卷制成品　　　图 3-10-9　熬制番茄汁　　　图 3-10-10　装盘

五、拓展创新探究

根据菜谱，本道菜品可以将番茄汁换成黑醋汁、柠檬黄油汁等，即可获得不同口味的菜肴；也可根据消费者需求搭配一些季节性的蔬菜等。

知识链接

蝶形目舌鳎科动物——"龙利鱼"

1. **简介**：龙利鱼，也叫踏板鱼、牛舌鱼，是蝶形目舌鳎科舌鳎属的大型底栖鱼类动物。其体扁平，呈舌形，肉质细嫩洁白，鱼腥味淡，具有生长快、产量高、利于加工等特点。

2. **肉质特点**：龙利鱼肉质鲜美，出肉率高，口感爽滑，鱼肉久煮而不老，无腥味和异味，蛋白质含量高，营养丰富，在我国沿海均有分布。

3. **营养价值**：龙利鱼的脂肪中含有不饱和脂肪酸，具有抗动脉粥样硬化的功效，对防治心脑血管疾病和增强记忆颇有益处。鱼肉中的脂肪酸可抑制眼睛里的自由基，可保护眼睛，缓解眼疲劳，所以龙利鱼也被称作"护眼鱼肉"。

综合评价

生产制作完成后，由你本人、你所在的小组其他成员和生产制作指导老师组成综合性评价小组，依据标准填写下列评价表。

"意式龙利鱼卷配番茄汁"实训综合评价表

评价主体	评价要素								比例	分值
	实施前		实施中			实施后		合计		
	资料查找 10%	项目分析 20%	原料准备 10%	生产规范 20%	成品质量 15%	清洁卫生 15%	实训报告 10%	100%		
自我评价									30%	
小组评价									30%	
老师评价									40%	
总　分									100%	

模块小结

本模块包含具有代表性的水产类西餐热菜中的英式炸鱼柳配鞑靼汁、海鲈鱼主菜配柠檬黄油汁、温煮三文鱼、铁扒大虾配红酒汁、芝士培根焗鲜贝、佛罗伦萨式烤鱼、意式酿鱿鱼配红椒泥、芝士焗生蚝、法式烤鲍鱼配土豆泥、意式龙利鱼卷配番茄汁等实训项目。

水产品是海洋和淡水渔业生产的水产动植物产品及其加工产品的总称。水产品包括鱼类、虾类、蟹类、贝类等。水产品在我国动物产品消费中始终占有重要位置。消费量方面,在居民食物消费的大宗动物性食品中,猪牛羊肉始终占据重要位置,全国人均水产品消费仅为猪牛羊肉消费量的一半。总体来看,尽管水产品消费量有较大幅度增长,但对于居民动物性食品消费来说,仍与传统的猪牛羊肉消费量存在较大的差距。

目前我国消费的主要水产品为鲜活、冷冻水产品,但随着水产品消费市场的多元化发展,熟制干制品等产品需求量呈现快速增长态势。熟制干制品主要供给大中城市饭店、餐馆,近几年来发展迅速,需求量成倍增加。

鱼类、虾、蟹等含有丰富的蛋白质,含量高达 15%~20%。鱼肉的肌纤维比较纤细,组织蛋白质的结构松软,水分含量较多,肉质细嫩,易被人体消化吸收;脂肪含量较低,仅 1%~10%,并且多由不饱和脂肪酸组成,易被消化吸收。鱼类还含有极丰富的维生素 A 和 D。水产品中还含有无机盐如钙、磷、钾等。

水产类原料适宜多种刀工成形,可整形使用,亦可切块、丁、片或剁碎成蓉等;烹饪时,可以运用炸、烩、蒸、煎、烤、扒、焗等各类西式经典烹饪技法制成开胃菜、热菜等。

练习题

扫描下方二维码进行线上答题。

练习题

模块四
土豆及其他淀粉类菜品制作

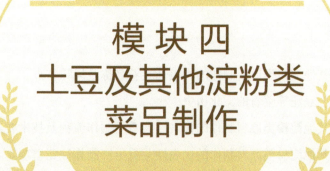

学习目标

知识目标：

- 了解土豆及其他淀粉类原料制作的代表性菜肴名称及风味特点。
- 了解薯条、土豆泥等菜肴的文化历史。
- 熟悉土豆及其他淀粉类原料制作的代表性菜肴的制作流程及技术要点。
- 掌握土豆及其他淀粉类原料制作的代表性菜肴生产制作注意事项。
- 掌握土豆及其他淀粉类原料制作的代表性菜肴原料选用与调味用料构成。

能力目标：

- 能对小组成员的实训角色进行恰当分配，并能做好组织、统筹、监督、检查的工作。
- 能较好运用鲜活原料初加工技术、刀工技术，依据项目实施相关要求做好土豆及其他淀粉类原料制作的代表性菜肴的准备工作。
- 能够利用土豆及其他淀粉类原料制作各式代表性菜肴，且工艺流程、制作步骤、成菜质量等符合相关标准。
- 通过对相关知识的学习与代表性菜肴的制作，结合餐饮行业的发展方向及市场需求，能创新、开发适销对路的新西餐。

素质目标：

- 树立良好的社会责任与职业理想。
- 养成善于观察、虚心向他人学习的习惯。
- 理解"奋斗本身就是一种幸福"的职业意识。
- 树立良好的职业道德与职业精神。
- 具有不断钻研业务、提高技能的职业意识。
- 具有终生学习意识。
- 培养精益求精的工匠精神。

项目 1

法式炸薯条

法式炸薯条
操作视频

项目目标

1. 知道制作法式炸薯条所需的主料、蘸料、调料,并能按标准选用。
2. 掌握法式炸薯条生产制作步骤、成品质量标准和安全操作注意事项。
3. 能按照企业厨房生产管理有关规定,依据项目实施说明做好各项准备,在团队成员相互配合下独立完成法式炸薯条的生产制作。
4. 指引当代青年树立起良好的社会责任与职业理想。

✱ ✱ ✱ ✱ ✱ ✱

项目分析

法式炸薯条(见图 4-1-1)具有"粗细一致、色泽金黄、咸香可口、口感外酥里嫩"的特点,它是西餐中常见的小食品之一。薯条作为最常见的快餐食品之一,在世界各地都很流行,深受人们喜爱。为高质量地完成本项目,各学员不仅要做好准备,还应认真分析以下几个核心问题:

图 4-1-1 法式炸薯条成品图

1. 法式炸薯条的工艺流程是什么样的?_____
2. 如何有效地保持薯条外酥里嫩的口感?_____
3. 初加工时,薯条一般切制多粗?_____

✱ ✱ ✱ ✱ ✱ ✱

项目实施

一、主料、蘸料、调料识别与准备

主料:黄心土豆 2 个约 400g(见图 4-1-2)。
蘸料:番茄酱 25g,蛋黄酱 20g(见图 4-1-3)。
调料:精盐 3g,胡椒粉 0.5g(见图 4-1-4)。

图 4-1-2 主料

图 4-1-3 蘸料

图 4-1-4 调料

二、制作流程识读

清洗土豆→去皮→切条→第一次油炸→冷冻→复炸→装盘。

三、技术要点解析

1. 要选用淀粉含量高的、水分含量少的黄心土豆。

2. 土豆进行第一次油炸时油温不应过高,以达到土豆成熟即可,避免影响第二次油炸的质量;炸制时土豆与油的比例要适当、油温适合。

四、依据步骤与图示制作

步骤 1:将土豆洗净,然后将土豆表皮削干净(见图 4-1-5)。

步骤 2:将土豆切成 1cm 粗、7cm~8cm 长的条(见图 4-1-6),将其放于冷水中防止变色。

步骤 3:洗掉薯条表面的淀粉,然后捞出用厨房纸吸掉表面水分(见图 4-1-7)。

步骤 4:将土豆条放入 160℃左右的油锅中炸制,炸至变软并轻微上色后捞出晾凉,然后放入冷冻柜冷冻备用(见图 4-1-8)。

步骤 5:食用时,将冷冻好的土豆条放入 180℃左右的油锅中复炸(见图 4-1-9),炸至焦黄、松脆后捞出,拌上盐、胡椒粉调味(见图 4-1-10),搭配酱料即可食用。

图 4-1-5 土豆削皮

图 4-1-6 土豆切条

图 4-1-7 去除水分

图 4-1-8 冷冻土豆条

图 4-1-9 复炸土豆条

图 4-1-10 调味

五、拓展创新探究

如食谱所做,将土豆切成更厚一些的条(约 1.25cm 粗)或更大一些的条,再采用此法制作即可制成"巴黎新桥炸薯条";如将土豆清洗不削皮,纵向切成两半,再将每半切成 4 至 6 块,再按食谱中所做即是"牛排屋炸薯条"。

知识链接

探秘工业薯条制作工艺流程

1. 原料挑选。土豆通过进料口进入生产线,筛选大小,选出适合大小的土豆。
2. 清洗和去皮。合格的原料放进清洗机清洗,去除泥土之后通过剥皮机去除土豆皮。
3. 切条。去皮的土豆通过切片机切成条状,切条的粗细可以自行调整。
4. 漂烫。将切好的薯条进行漂烫固色,以防止薯条变色。
5. 脱水。进行脱水处理,减少含水量,这样可以缩短油炸时间,且口感更佳。
6. 油炸。将薯条放入油水混合油炸机中进行油炸,这种油炸技术能改善油质,使炸出的薯条更安全、卫生且美味。
7. 脱油。将油炸后的薯条进行脱油处理,减少油腻感。
8. 调味。炸制好的薯条进入滚筒调味机内,随着滚筒的滚动,达到翻动入味的目的。
9. 冷却。调味后的薯条进行冷却处理,然后进行质检,挑出劣质薯条。
10. 包装。通过氮气包装方式将薯条包装起来,氮气包装可以避免薯条破裂,延长保质期。

综合评价

生产制作完成后,由你本人、你所在的小组其他成员和生产制作指导老师组成综合性评价小组,依据标准填写下列评价表。

"法式炸薯条"实训综合评价表

评价主体	评价要素									
	实施前		实施中			实施后		合计	比例	分值
	资料查找 10%	项目分析 20%	原料准备 10%	生产规范 20%	成品质量 15%	清洁卫生 15%	实训报告 10%	100%		
自我评价									30%	
小组评价									30%	
老师评价									40%	
总分									100%	

项目 2

法式土豆泥

法式土豆泥
操作视频

项目目标

1. 知道制作法式土豆泥所需的主辅料、调料，并能按标准选用。
2. 掌握法式土豆泥生产制作步骤、成品质量标准和安全操作注意事项。
3. 能按照企业厨房生产管理有关规定，依据项目实施说明做好各项准备，在团队成员相互配合下独立完成法式土豆泥的生产制作。
4. 进一步理解在餐饮服务过程中坚持"守正创新"的重要性。

✶✶✶✶✶✶

项目分析

法式土豆泥（见图4-2-1）具有"口感顺滑、口味咸香、奶香味浓郁"的特点，它是西餐中的传统美食之一，在西方国家流传了数百年。土豆泥是以土豆为原料，添加一些相应的调料，放到容器中煮熟，用工具捣成泥状，或是先将土豆煮熟后去皮捣成泥，再加入其他辅料搅拌均匀，所做成的一种食品。可根据消费者的口味需求加入牛奶、熟鸡蛋、椒盐、胡椒粉等调味。为高质量地完成本项目，各学员不仅要做好准备，还应认真分析以下几个核心问题：

图4-2-1 法式土豆泥成品图

1. 选料时需要选用什么品种的土豆？＿＿＿＿＿＿＿＿＿＿＿＿＿＿＿＿＿＿
2. 土豆泥的最佳食用温度在什么范围？＿＿＿＿＿＿＿＿＿＿＿＿＿＿＿＿＿
3. 如何获得口感细腻的土豆泥？＿＿＿＿＿＿＿＿＿＿＿＿＿＿＿＿＿＿＿＿

✶✶✶✶✶✶

项目实施

一、主辅料、调料识别与准备

主料：黄心土豆2个约350g（见图4-2-2）。
辅料：热淡奶油40ml，热牛奶15ml（见图4-2-3）。
调料：黄油20g，精盐2g，白胡椒粉0.5g（见图4-2-4）。

图 4-2-2 主料

图 4-2-3 辅料

图 4-2-4 调料

二、制作流程识读

初加工土豆→煮土豆→土豆制泥→调味→装盘。

三、技术要点解析

1. 原料要选择新鲜的土豆,不能使用发绿、发芽、腐烂的土豆,即使切掉有害部分也不能使用。
2. 土豆可以用文火煮熟透或蒸至软烂。
3. 制熟后的土豆应趁热进行压制,防止凉透后土豆变硬。
4. 为呈现细腻口感,应用薯蓉压进行 3 次以上的反复压制。

四、依据步骤与图示制作

步骤 1:将土豆清洗干净,然后去掉土豆皮,再放在砧板上切成大小适中的块(见图 4-2-5),之后放入清水中,洗去表面的淀粉。

步骤 2:将清洗干净的土豆块放进冷水锅中,加入少许盐(见图 4-2-6),开火煮制,待土豆变软烂后捞出。

步骤 3:将煮熟的土豆块放入薯蓉压中压制(见图 4-2-7),反复压制 3 次,至土豆泥变得非常细腻为止。

步骤 4:往土豆泥中放入融化的黄油及热淡奶油(见图 4-2-8),再用勺子或薯蓉压反复压制,直到融合均匀、光滑细腻。

步骤 5:再次加入热牛奶(见图 4-2-9),搅拌均匀,使土豆泥稠度适宜,达到柔软潮湿,但也能够成形,不要软而黏。

步骤 6:加入盐和白胡椒粉调味,并快速搅打直至土豆泥变得蓬松顺滑(见图 4-2-10),装入盘中,淋上调味酱汁即可。

图 4-2-5 土豆切块

图 4-2-6 加盐煮制

图 4-2-7 压制土豆泥

图 4-2-8　加入黄油及热淡奶油　　　图 4-2-9　加入热牛奶　　　图 4-2-10　搅拌成品

五、拓展创新探究

煮土豆时，若加入 2 至 3 瓣去皮蒜一起煮，则可制成"蒜香土豆泥"；在土豆泥中加入炒香的培根碎 20g 和炒香的洋葱碎 10g，即是"培根土豆泥"。

知识链接

土豆泥的起源与象征意义

1. **起源**：土豆泥源于欧洲，据传最早起源于爱尔兰。在爱尔兰的农田中，土豆泥是一种重要的食物，也是他们日常生活中的主食。在当地文化中，土豆泥代表着朴素的生活方式，同时也被视为与农业和土地有关的象征。随着爱尔兰移民的扩散，土豆泥逐渐传播到其他国家。

2. **象征意义**：在亚洲，土豆泥的传入较晚，且并未成为当地饮食中的核心食物。尽管如此，土豆泥在一些亚洲国家，逐渐受到欢迎并被纳入当地的饮食中。对于这些国家来说，土豆泥最初更多地被视为一种新奇的外来食物，代表着对多元文化的接纳和融合。

综合评价

生产制作完成后，由你本人、你所在的小组其他成员和生产制作指导老师组成综合性评价小组，依据标准填写下列评价表。

"法式土豆泥"实训综合评价表

评价主体	评价要素								比例	分值
	实施前		实施中			实施后		合计		
	资料查找 10%	项目分析 20%	原料准备 10%	生产规范 20%	成品质量 15%	清洁卫生 15%	实训报告 10%	100%		
自我评价									30%	
小组评价									30%	
老师评价									40%	
总　分									100%	

项目 3
烤填馅土豆

烤填馅土豆
操作视频

项目目标

1. 知道制作烤填馅土豆所需的主辅料、调料，并能按标准选用。
2. 掌握烤填馅土豆生产制作步骤、成品质量标准和安全操作注意事项。
3. 能按照企业厨房生产管理有关规定，依据项目实施说明做好各项准备，在团队成员相互配合下独立完成烤填馅土豆的生产制作。
4. 引导学生养成善于观察、虚心向他人学习的习惯。

* * * * * *

项目分析

烤填馅土豆（见图4-3-1）具有"形态完整、色泽焦黄、口感外酥里软糯"的特点。烤填馅土豆是一道经典而简单的西餐菜品，味道非常美味。它可以作为主菜或者小吃，在各种场合都能大受欢迎。这道菜可以做成不同的口味，如蒜蓉、洋葱和香草风味；也可以在土豆上加入其他蔬菜，例如胡萝卜和洋葱，以增加营养并增加多样性。为高质量地完成本项目，各学员不仅要做好准备，还应认真分析以下几个核心问题：

图4-3-1 烤填馅土豆成品图

1. 新鲜土豆的品质特征有哪些？_____
2. "烤"制此菜，适合使用面火炉烤还是烤箱烤？_____
3. 查询资料，了解培根肉的加工工艺流程。_____
4. 制作此菜的工艺流程有哪些？_____

* * * * * *

项目实施

一、主辅料、调料识别与准备

主料：土豆半个约200g（见图4-3-2）。
辅料：培根碎15g，马苏里拉芝士25g，欧芹碎3g（见图4-3-3）。
调料：黄油15g，黑胡椒碎0.5g，精盐1g，淡奶油4ml（见图4-3-4）。

图 4-3-2 主料

图 4-3-3 辅料

图 4-3-4 调料

二、制作流程识读

烤土豆→放入烤箱烤→挖出凹槽→制作馅料→填入土豆中→烤制→装盘。

三、技术要点解析

1. 赤褐色土豆被认为是最适合用来烘烤的土豆,它们的内部质地蓬松并且可以使表皮变得酥脆。
2. 食用变质食物会导致食物中毒,长芽、变色、发霉的土豆不能选用。

四、依据步骤与图示制作

步骤1:将土豆清洗干净,用锡箔纸包好后放入烤盘,再放进预热好的烤箱,用175℃的温度烤制30分钟(见图4-3-5),烤至熟后取出。

步骤2:用勺子将烤熟的土豆中心掏空,形成碗状(见图4-3-6)。

步骤3:将掏出的土豆碎连同培根碎、黄油、马苏里拉芝士、精盐、淡奶油和黑胡椒碎拌匀(见图4-3-7)。

步骤4:将混合的土豆泥回填到碗状土豆壳中,撒上马苏里拉芝士(见图4-3-8)。

步骤5:放在烤盘上,放入烤箱,180℃烘烤8分钟至芝士融化(见图4-3-9)。

步骤6:烤好的土豆放进盛菜碟中(见图4-3-10),撒上欧芹碎,稍微装饰即可上菜。

图 4-3-5 烤土豆

图 4-3-6 掏空土豆

图 4-3-7 制作馅料

图 4-3-8 撒上芝士

图 4-3-9 成品烤制

图 4-3-10 装盘

五、拓展创新探究

土豆在西餐中的用途非常广泛，它可以作为主食，也可以作为配菜。在西餐中，土豆通常被切成小块，搭配肉类、鱼类或蔬菜一起食用。其中，将土豆块和肉类搭配在一起是最为常见的做法之一。

知识链接

英国土豆文化

1. **历史背景**：在16世纪初，土豆首次传入英国。当时，土豆很少被当作食品，反而被当作药草来使用。到17世纪末期，人们才开始大量种植土豆，随着时间的推移，土豆成为英国饮食文化中不可或缺的一部分。

2. **土豆的地位**：土豆在英国被称为"顶梁柱食品"，其地位可以与我国的米饭媲美。英式奶油土豆泥、英式烤土豆和饼干、英式炖土豆和肉排等都是英国传统的土豆美食。在英国，土豆可以说是蔬菜中的首选，也是糕点、薯片等小吃中必不可少的原料，其重要性可见一斑。

3. **英国土豆文化的影响**：英国的土豆文化不仅影响着本土，也货真价实地推动了全球饮食文化的不断演变。在19世纪末期，英国统治下的印度，土豆得到了广泛的种植和推广。在印度，土豆以不同形式被用于甜点、面包、炸物和辣味菜肴等的制作。与此同时，英国也将自己的土豆文化带到了美洲。在美洲，土豆曾经成为一个稳定的主食，直到20世纪，其他粮食的流行才逐渐取代了土豆的地位。

综合评价

生产制作完成后，由你本人、你所在的小组其他成员和生产制作指导老师组成综合性评价小组，依据标准填写下列评价表。

"烤填馅土豆"实训综合评价表

评价主体	评价要素									
	实施前		实施中			实施后		合计	比例	分值
	资料查找 10%	项目分析 20%	原料准备 10%	生产规范 20%	成品质量 15%	清洁卫生 15%	实训报告 10%	100%		
自我评价									30%	
小组评价									30%	
老师评价									40%	
总　分									100%	

项目 4

里昂土豆

里昂土豆操作视频

项目目标

1. 知道制作里昂土豆所需的主辅料、调料，并能按标准选用。
2. 掌握里昂土豆生产制作步骤、成品质量标准和安全操作注意事项。
3. 能按照企业厨房生产管理有关规定，依据项目实施说明做好各项准备，在团队成员相互配合下独立完成里昂土豆的生产制作。
4. 让学生理解"奋斗本身就是一种幸福"的职业意识。

✶✶✶✶✶✶

项目分析

里昂土豆（见图4-4-1）具有"外脆内软、咸香味浓郁、口感丰富"的特点，它是法国里昂地区的一道传统美食。里昂菜以乡村风味见长，丰富的本地食材加上特别的烹饪技法成就了独树一帜的里昂风味。土豆营养全面，联合国粮农组织称它是"营养价值之王""埋在地下的宝物"，也被称为全营养食物，兼具粮食、蔬菜、水果中的各种营养。为高质量地完成本项目，各学员不仅要做好准备，还应认真分析以下几个核心问题：

图4-4-1 里昂土豆成品图

1. 加工过程中如何防止土豆发生酶促褐变反应？_____
2. 制作此菜对土豆种类是否有特殊的要求？_____
3. 刀工处理后的土豆片，除用烤之外还能用什么方法成菜？_____
4. 制作此菜需使用哪些工艺？_____

✶✶✶✶✶✶

项目实施

一、主辅料、调料识别与准备

主料：土豆1个约200g（见图4-4-2）。
辅料：洋葱30g，培根1片，欧芹1g，鲜百里香2g（见图4-4-3）。
调料：橄榄油6ml，融化黄油5g，精盐1g，黑胡椒碎0.5g（见图4-4-4）。

图 4-4-2 主料

图 4-4-3 辅料

图 4-4-4 调料

二、制作流程识读

清洗土豆→土豆切片→配菜切制→放入烤盘→烤制→装盘。

三、技术要点解析

1. 为防止土豆出现酶促褐变反应，应将土豆浸泡在清水中。

2. 成菜时，为减少成品的油脂含量，采用烤制技法可以减少油量。

四、依据步骤与图示制作

步骤1：将土豆清洗干净后削去表皮后切0.3cm厚的片，放入清水中浸泡（见图4-4-5），防止酶促褐变反应导致土豆变色。

步骤2：将洋葱切成细丝，培根肉切块，欧芹切碎（见图4-4-6）。

步骤3：将土豆捞出，放入盛器中，放入洋葱丝、培根肉，再放入精盐、黑胡椒碎、鲜百里香、橄榄油和融化黄油（见图4-4-7），抓拌均匀。

步骤4：将拌好的原料平铺在垫有锡箔纸的烤盘上（见图4-4-8）。

步骤5：将烤盘放进烤箱，175℃烘烤（见图4-4-9）约10分钟至熟。

步骤6：将烤盘取出，把烤盘中的土豆拌匀，然后将烤好的土豆盛入盛菜碟中，撒上欧芹碎（见图4-4-10），稍加点缀即可上菜。

图 4-4-5 浸泡土豆

图 4-4-6 刀工处理成品

图 4-4-7 混合土豆

图 4-4-8 放入烤盘

图 4-4-9 烤制土豆

图 4-4-10 装盘

五、拓展创新探究

原料的刀工处理以切片居多，也可以切成条、块等；常规配料为洋葱与培根肉，也可以加入奶酪、蘑菇、干葱等，使其更加美味；调味通常使用盐、黑胡椒和其他香料，以增添风味。

知识链接

探秘法国里昂美食文化

1. 里昂餐饮业的兴起：18世纪是里昂餐饮业兴起的时期。当时，里昂成为法国的丝绸之都，随之而来的是商贸活动的繁荣。商人们开始聚集在里昂，这也带动了餐饮业的发展。

2. 里昂菜特点：里昂菜是里昂的传统菜肴，以当地的食材为主要原料，口感浓郁，充满了当地的特色。里昂菜的代表菜肴有猪肚、鸭肝、鸡肉、兔肉等。这些菜肴都有一个共同的特点，就是使用当地的香料和调料，如迷迭香、百里香、薰衣草等。这些香料和调料为里昂菜增添了浓郁的香气和口感。

3. 里昂的餐桌礼仪：里昂的餐桌礼仪也是里昂美食文化的一部分。在里昂，人们非常注重餐桌礼仪，尤其是在正式场合，人们需要注意用餐姿势、用餐顺序、用餐工具使用等方面的细节。这些细节反映了里昂人对美食的尊重和对文化的注重。

4. 里昂美食节庆：里昂的美食节庆也是里昂美食文化的一部分。每年，里昂都会举办各种各样的美食节庆，如里昂美食节、里昂葡萄酒节、里昂奶酪节等。这些节庆吸引了来自世界各地的游客，让他们感受到里昂的美食文化和独特魅力。

综合评价

生产制作完成后，由你本人、你所在的小组其他成员和生产制作指导老师组成综合性评价小组，依据标准填写下列评价表。

"里昂土豆"实训综合评价表

评价主体	评价要素									
	实施前		实施中			实施后		合计	比例	分值
	资料查找 10%	项目分析 20%	原料准备 10%	生产规范 20%	成品质量 15%	清洁卫生 15%	实训报告 10%	100%		
自我评价									30%	
小组评价									30%	
老师评价									40%	
总分									100%	

项目 5

西班牙海鲜饭

西班牙海鲜饭
操作视频

项目目标

1. 知道制作西班牙海鲜饭所需的主辅料、调料，并能按标准选用。
2. 掌握西班牙海鲜饭生产制作步骤、成品质量标准和安全操作注意事项。
3. 能按照企业厨房生产管理有关规定，依据项目实施说明做好各项准备，在团队成员相互配合下独立完成西班牙海鲜饭的生产制作。
4. 帮助学生树立良好的职业道德与职业精神。

* * * * * *

项目分析

西班牙海鲜饭（见图4-5-1）具有"米饭粒粒分明、口感软糯、香味浓郁，海鲜美味可口、令人回味"的特点，它是西餐三大名菜之一，与法国蜗牛、意大利面齐名。西班牙海鲜饭的主要原料包括优质大米、新鲜的虾、贝壳类海鲜、鸡肉、火腿、橄榄油等，这些原料搭配可以根据顾客的需要和地方特色适当调整。为高质量地完成本项目，各学员不仅要做好准备，还应认真分析以下几个核心问题：

图4-5-1　西班牙海鲜饭成品图

1. 制作此菜的关键之一在于米的选用，最适合选用什么米？＿＿＿＿＿＿＿＿＿＿＿＿
2. 西班牙海鲜饭黄澄澄的颜色源于什么原料？＿＿＿＿＿＿＿＿＿＿＿＿
3. 制作此菜对锅具有什么特殊的要求？＿＿＿＿＿＿＿＿＿＿＿＿
4. 烹调过程中火力的大小应如何控制？＿＿＿＿＿＿＿＿＿＿＿＿

* * * * * *

项目实施

一、主辅料、调料识别与准备

主料：西班牙艮米180g，大虾6只，鱿鱼1只，车螺150g，鸡腿肉60g（见图4-5-2）。

辅料：黄甜椒30g，红甜椒30g，洋葱30g，青豌豆20g，大蒜3粒，柠檬1/4个（见图4-5-3）。

调料：精盐2g，黑胡椒碎1g，红椒粉2g，番茄膏10g，藏红花0.5g，白葡萄酒15ml，橄榄油5ml（见图4-5-4）。

图 4-5-2 主料

图 4-5-3 辅料

图 4-5-4 调料

二、制作流程识读

加工海鲜→切制蔬菜→炒制蔬菜→加米炒制→焖制米饭→加入海鲜焖制→装盘。

三、技术要点解析

1. 准备海鲜的时候注意大小一致，如果原料特别大需要剖半处理。

2. 加入海鲜后盖上锅盖可以让海鲜熟的更快，如果想要码放整齐的外观也可以不把海鲜和米饭搅拌在一起，而是开盖后将海鲜翻面。

3. 最后的成品尽量收干汤汁，能有一层锅巴就最理想了。

四、依据步骤与图示制作

步骤 1：将大虾用剪刀剪去触角，用刀从虾的背部剖开，鱿鱼处理后切成鱿鱼圈，车螺洗净，鸡腿去骨后切成大小适中的块（见图 4-5-5）。

步骤 2：将黄甜椒、红甜椒、洋葱、大蒜等分别切成 0.5cm 见方的丁（见图 4-5-6）。

步骤 3：将橄榄油放入锅中，烧热后放入鸡腿小火煎至上色，放入大蒜丁、黄甜椒丁、红甜椒丁、洋葱丁等炒香，放入红椒粉、番茄膏调味，倒入白葡萄酒继续煮制，待锅中的酒精挥发，放入艮米（见图 4-5-7），继续炒制。

步骤 4：炒约 2 分钟左右加入汤水，轻微搅拌均匀后用精盐、黑胡椒碎调味，然后放入藏红花（见图 4-5-8），中小火继续煮制。

步骤 5：待米吸水膨胀，且逐步冒出水面后摆上各类海鲜，撒上青豌豆（见图 4-5-9），盖上盖子小火继续焖煮约 10 分钟。

步骤 6：为去除海鲜的腥味，往锅中加入柠檬块（见图 4-5-10），可以整锅上桌，也可以直接盛放在盛器中，食用前挤柠檬汁于饭上即可。

图 4-5-5 加工原料

图 4-5-6 配菜刀工成品

图 4-5-7 加入艮米

图 4-5-8　加入藏红花　　　图 4-5-9　加入海鲜和青豌豆　　　图 4-5-10　放入柠檬块

五、拓展创新探究

海鲜可以根据市场销售情况和客人的需求进行变化，例如青口、扇贝、鲍鱼和海蟹等。加入的海鲜，尤其是贝类，在烹调过程中会释放出带有海水味和贝类鲜味的甜美汁水，可以使米饭更加美味。

知识链接

西班牙海鲜饭的历史

西班牙海鲜饭的历史可以追溯到西班牙的瓦伦西亚地区，这里是西班牙海鲜饭的发源地，选用的原料是西班牙本土的籼米。最初的西班牙海鲜饭是由渔民们在海边采集海鲜，将其与大米烹制在一起而创造出来的。随着时间的推移，逐渐成为西班牙餐桌上的经典美食之一。

西班牙海鲜饭没有特定的食谱，几乎可以接受任何成分的原料，如畜肉、禽肉、鱼类、贝类、各种蔬菜等。但是唯一不可缺少的材料是藏红花，藏红花拥有特殊的香气，从而可以赋予这道菜独特的口感和味道。

综合评价

生产制作完成后，由你本人、你所在的小组其他成员和生产制作指导老师组成综合性评价小组，依据标准填写下列评价表。

"西班牙海鲜饭"实训综合评价表

评价主体	评价要素								比例	分值
	实施前		实施中			实施后		合计		
	资料查找 10%	项目分析 20%	原料准备 10%	生产规范 20%	成品质量 15%	清洁卫生 15%	实训报告 10%	100%		
自我评价									30%	
小组评价									30%	
老师评价									40%	
总　分									100%	

项目 6

米兰藏红花烩饭

米兰藏红花烩饭
操作视频

项目目标

1. 知道制作米兰藏红花烩饭所需的主辅料、调料，并能按标准选用。
2. 掌握米兰藏红花烩饭生产制作步骤、成品质量标准和安全操作注意事项。
3. 能按照企业厨房生产管理有关规定，依据项目实施说明做好各项准备，在团队成员相互配合下独立完成米兰藏红花烩饭的生产制作。
4. 激励学生养成不断钻研业务、提高技能的职业意识。

※ ※ ※ ※ ※ ※

项目分析

米兰藏红花烩饭（见图4-6-1）具有"色泽淡黄、口感软糯、口味咸鲜、奶香味浓郁"的特点。料理重点是加入藏红花，藏红花原产于亚洲西南部至地中海东部沿岸一带，是一种名贵的食材，且具有非常高的药用价值。菜名冠以"米兰"这个名字，是因为料理开始出现于米兰地区，由于米兰地区的人们常吃而如此命名。为高质量地完成本项目，各学员不仅要做好准备，还应认真分析以下几个核心问题：

图 4-6-1　米兰藏红花烩饭成品图

1. 制作此菜应选用哪种大米？ _____
2. 加水焖制前为什么要将大米炒熟透？ _____
3. 黄油和奶酪的最佳加入时间是什么时候？ _____

※ ※ ※ ※ ※ ※

项目实施

一、主辅料、调料识别与准备

主料：大米 100g（见图 4-6-2）。
辅料：洋葱碎 20g，巴马干酪 30g，热鸡基础汤 150ml，藏红花 1g（见图 4-6-3）。
调料：黄油 30g，橄榄油 10ml，精盐 1g（见图 4-6-4）。

图 4-6-2　主料

图 4-6-3　辅料

图 4-6-4　调料

二、制作流程识读

炒制洋葱碎→炒米→加鸡汤→翻炒→调味→出锅。

三、技术要点解析

1. 米需要炒制熟后才逐渐加入热汤，不宜使用冷汤。
2. 成型的米饭圆滑、呈奶油状，是因为米饭煮制过程中淀粉析出的缘故。
3. 烩制过程需要恰当控制火力的大小，并不断翻动，避免焦底。

四、依据步骤与图示制作

步骤1：平底锅加热后放入黄油和橄榄油，待油升温后将洋葱碎放入，小火炒至洋葱变软、颜色微黄（见图4-6-5）。

步骤2：将大米加入炒制，待米熟透后加入藏红花（见图4-6-6和图4-6-7）。

步骤3：加入1勺鸡汤于锅中，采用中火继续加热，一边加热一边搅动，直到米粒把汤汁吸干（见图4-6-8）；再加入1勺鸡汤，重复此步骤，一次不要加入过多的汤，需要逐步添加（见图4-6-9）。

步骤4：待米饭变软就不需要再加鸡汤，关闭火，加入黄油和巴马干酪，放入盐调味（见图4-6-10），搅拌均匀即可完成。

图 4-6-5　炒制洋葱碎　　　　图 4-6-6　炒米　　　　图 4-6-7　加入藏红花

图 4-6-8　加入鸡汤煮制　　　图 4-6-9　慢火煮制　　　图 4-6-10　加入调味料

五、拓展创新探究

如食谱中所做,若加入 1g 的香料浸于 50ml 的汤料中,在烹制结束时加入有花香的汤,即成"意大利米兰香饭";在烹制好的成品中加入熟嫩豌豆粒和熟西芹丁拌匀,即成"雷思毕思米饭"。

知识链接

花中黄金——藏红花

藏红花是一种珍贵的香料,也是一种名贵的药材,它不仅具有独特的香气和鲜艳的颜色,还有着丰富的营养价值。

1. 种类:藏红花是一种从藏红花植物的花蕾中提取的香料,它主要分为红花和黄花两种。红花是指藏红花植物的花蕾中鲜红色的柱头,黄花则是指花蕾中的黄色花蕊。

2. 用途:在烹饪中,常用藏红花来调味和上色,为菜肴增添了独特的风味和视觉效果。

(1)调味品:藏红花有着独特的香气和苦涩的味道,能够为菜肴增添浓郁的香味。可以将藏红花与其他配料一同使用,如大蒜、洋葱、番茄等,以增强菜品的风味。

(2)上色剂:由于藏红花的鲜艳颜色,常常被用作上色剂。将藏红花浸泡在温水中,待其释放出色素后,再将其加入到菜肴中,可以使菜肴呈现出美丽的黄色。

3. 保存:藏红花的保质期较短,一般为 2~3 年。在保存时,需要将其置于干燥、阴凉的地方,避免阳光直射。

综合评价

生产制作完成后,由你本人、你所在的小组其他成员和生产制作指导老师组成综合性评价小组,依据标准填写下列评价表。

"米兰藏红花烩饭"实训综合评价表

评价主体	评价要素								比例	分值
	实施前		实施中			实施后		合计		
	资料查找 10%	项目分析 20%	原料准备 10%	生产规范 20%	成品质量 15%	清洁卫生 15%	实训报告 10%	100%		
自我评价									30%	
小组评价									30%	
老师评价									40%	
总 分									100%	

项目 7

乡村肉酱千层面

乡村肉酱千层面
操作视频

项目目标

1. 知道制作乡村肉酱千层面所需的主辅料、调料，并能按标准选用。
2. 掌握乡村肉酱千层面生产制作步骤、成品质量标准和安全操作注意事项。
3. 能按照企业厨房生产管理有关规定，依据项目实施说明做好各项准备，在团队成员相互配合下独立完成乡村肉酱千层面的生产制作。
4. 帮助学生牢固树立终生学习意识。

※※※※※※

项目分析

乡村肉酱千层面（见图4-7-1）具有"面层次分明、表面呈焦黄色、口感绵软、肉酱味浓、略带奶香味"的特点。千层面作为意大利的传统美食，在其历史、制作方法和文化背景中展现出丰富的魅力。此菜不仅美味，还能搭配多种健康食材，如新鲜的番茄、香草和其他蔬菜等，为食客提供营养丰富的美食享受。乡村肉酱千层面是一道富含蛋白质、维生素和纤维素等多种营养的菜肴，可以满足人们对美味和健康的双重需求。为高质量地完成本项目，各学员不仅要做好准备，还应认真分析以下几个核心问题：

图4-7-1 乡村肉酱千层面成品图

1. 查询资料，了解本道菜的历史文化背景。_____
2. 加工"千层面皮"的原料有哪些？_____
3. 此菜适合采用什么烹饪技法成菜？_____

※※※※※※

项目实施

一、主辅料、调料识别与准备

主料：牛肉碎100g，千层面皮5片，马苏里拉芝士碎150g，新鲜番茄100g（见图4-7-2）。

辅料：西芹30g，洋葱50g，胡萝卜50g，罗勒叶末5g，洋葱20g，大蒜碎10g，苦苣10g（见图4-7-3）。

调料：牛奶150ml，淡奶油30ml，黄油30g，面粉50g，红酒50ml，橄榄油10ml，迷迭香碎5g，百里香碎5g，香叶2片，盐2g，豆蔻粉1g（见图4-7-4）。

图4-7-2 主料

图4-7-3 辅料

图4-7-4 调料

二、制作流程识读

番茄切块→番茄酱制作→番茄牛肉酱制作→组合→烤制→改刀装盘。

三、技术要点解析

1. 制作肉酱时所倒入的水可以用高汤替代，且用量的多少依实际的火力增减。

2. 制作的酱汁应呈浓稠状，以提高其黏附性。

3. 应严格控制烘烤温度与时间，防止外焦内不熟或上色不均匀。

4. 判断千层面是否已烤熟，可用一支竹签插入千层面中5秒后拉出，将竹签放至手腕处，若感觉到热即表示熟了。

四、依据步骤与图示制作

步骤1：将番茄去皮，切小块；热锅下入黄油炒香洋葱碎、大蒜碎、罗勒叶末，再加入番茄丁煸炒后用料理机打碎做成番茄酱备用（见图4-7-5）。

步骤2：将胡萝卜去皮切碎，洋葱切丝，西芹切碎备用（见图4-7-6）。

步骤3：平底锅放入橄榄油，放入牛肉碎，拌炒上色后倒入洋葱等蔬菜炒制，再加入番茄酱、红酒和适量的水，以及迷迭香碎、百里香碎和香叶，小火煮约30分钟做成肉酱（见图4-7-7）。

步骤4：酱汁锅放入黄油，加入面粉、盐、豆蔻粉拌炒至面粉熟透，倒入牛奶和淡奶油慢慢搅拌至呈糊状，做成白汁备用（见图4-7-8）。

步骤5：模具底部涂上白汁，放上千层面皮、抹上肉酱，再放白汁、撒上芝士碎、再盖上千层面皮（见图4-7-9），重复多次，最后一层只放白汁和芝士碎，放入180℃烤箱（见图4-7-10），烤约40分钟后取出，改刀装盘并点缀苦苣即可完成出品。

图4-7-5 番茄酱成品

图4-7-6 蔬菜刀工成品

图4-7-7 制作肉酱

图 4-7-8 制作白汁

图 4-7-9 装入焗盒中

图 4-7-10 焗制

五、拓展创新探究

千层面是意大利经典美食之一，它主要搭配番茄酱食用，里面的牛肉酱也可以根据需要换成猪肉酱、兔肉酱等。制作千层面时还可以搭配其他原料，如意大利香芹、帕尔玛奶酪等。有些食谱还会添加各种蔬菜，如菠菜、西葫芦、橄榄、蘑菇等。

知识链接

风味独特的"千层面"

意大利千层面是意式西餐中的一种常见菜品，属于意式宽面，采用的佐料主要是番茄酱。

1. **烹饪要点**：想要做好意大利千层面，一定要把握好关键的酱汁的稠度和风味，同时还要注意千层面的整体味道和口感。在馅料上，面皮之间可以夹各种奶酪、肉酱和蔬菜等。

2. **风味特点**：千层面在不同地区有不同的做法和风味，如意大利南部的面皮使用粗面粉和水制成，而在北部则使用面粉和鸡蛋制成。

综合评价

生产制作完成后，由你本人、你所在的小组其他成员和生产制作指导老师组成综合性评价小组，依据标准填写下列评价表。

"乡村肉酱千层面"实训综合评价表

评价主体	评价要素									
	实施前		实施中			实施后		合计	比例	分值
	资料查找 10%	项目分析 20%	原料准备 10%	生产规范 20%	成品质量 15%	清洁卫生 15%	实训报告 10%	100%		
自我评价									30%	
小组评价									30%	
老师评价									40%	
总分									100%	

项目 8

茄汁虾仁意面

茄汁虾仁意面
操作视频

项目目标

1. 知道制作茄汁虾仁意面所需的主辅料、调料，并能按标准选用。
2. 掌握茄汁虾仁意面生产制作步骤、成品质量标准和安全操作注意事项。
3. 能按照企业厨房生产管理有关规定，依据项目实施说明做好各项准备，在团队成员相互配合下独立完成茄汁虾仁意面的生产制作。
4. 帮助学生进一步理解精益求精的工匠精神。

※※※※※※

项目分析

茄汁虾仁意面（见图4-8-1）具有"香味浓郁、咸酸可口、色泽红亮"的特点，此菜属于意大利四大经典酱汁意面中的红酱意面，搭配营养价值极高的虾仁和时蔬，是一道广受欢迎的西餐主食类菜肴。此菜选用最常见的长条形意面，这是最常见、最传统的意面形状，圆形横截面，中等粗细，是意面基本款，最适宜搭配番茄口味的面酱。为高质量地完成本项目，各学员不仅要做好准备，还应认真分析以下几个核心问题：

图4-8-1 茄汁虾仁意面成品图

1. 查询资料，了解制作意面的原料及其特点。_____
2. 煮制意面时放入盐的作用是什么？_____
3. 熬制茄汁的火力应怎样控制？_____
4. 制作"红酱"常用的原料及调味料有哪些？_____

※※※※※※

项目实施

一、主辅料、调料识别与准备

主料：意大利面100g，鲜虾仁50g（见图4-8-2）。
辅料：番茄100g，洋葱50g，口蘑50g，蒜末10g，番芫荽10g，苦苣10g（见图4-8-3）。
调料：黄油20g，白兰地15ml，番茄酱50g，盐3g，糖5g，黑胡椒粉2g，芝士粉5g（见图4-8-4）。

图 4-8-2 主料

图 4-8-3 辅料

图 4-8-4 调料

二、制作流程识读

煮意面→加工蔬菜→调制番茄酱→炒制意面→加入酱汁炒匀→装盘。

三、技术要点解析

1. 意面在下锅煮时，要预先加入盐，目的是便于入味，以防面条粘连。

2. 煮熟的意面加入橄榄油拌匀，防止意面粘连。

3. 做酱汁时所倒入的水可以用高汤替代，用量可依实际的火力增减。

4. 熬制酱汁时要注意浓度的调节，不能稀也不能稠，可通过添加热水或煮面汁来调节浓稠度，要保证混拌时酱汁能挂在意面上。

四、依据步骤与图示制作

步骤1：汤锅中加入适量的水及盐，水沸腾后下入意大利面，煮约15分钟左右至熟透后捞出控净水（见图4-8-5）。

步骤2：将番茄放入沸水中稍烫，然后去皮切碎，番芫荽切末，洋葱部分切丝、部分切末，口蘑切片，虾仁改刀备用（见图4-8-6）。

步骤3：锅中下入黄油，化开后加入蒜末、洋葱末和番茄碎炒香，后加入番茄酱、白兰地、番芫荽、盐、糖和黑胡椒粉调味收汁制成番茄酱（见图4-8-7）。

步骤4：平底锅加热，放入黄油和洋葱丝、口蘑炒制，炒熟透后继续下入虾仁，炒熟后倒入煮好的意大利面翻炒（见图4-8-8）。

步骤5：炒均匀后再放入熬制好的意面专用番茄酱继续翻炒，翻炒均匀后取出摆入意面专用盛菜碟中（见图4-8-9）。

步骤6：装好意面后点缀苦苣、撒上芝士粉即可上菜（见图4-8-10）。

图 4-8-5 煮熟的意面

图 4-8-6 配料刀工成型

图 4-8-7 调制番茄酱

图 4-8-8　炒制意面　　　　图 4-8-9　意面装盘　　　　图 4-8-10　点缀苦苣

五、拓展创新探究

意大利面是西餐传统主食，可以搭配不同的配菜和酱汁，如搭配肉酱即可制成经典肉酱意面，搭配白汁即可制成白汁意面，搭配青酱即可制成青酱意面等。

知识链接

意面"四大"必备酱汁

1. 万能百搭——红酱：红酱是常见的酱汁之一，基础版一般只用番茄、洋葱、橄榄油和香料制成，而且通常为咸味，并且有一些小块状。

2. 西餐代表——白酱：白酱通常指法餐中以黄油面粉糊为基底的浓稠白色酱汁。在意面酱的范畴中，白色通常来自于奶油，因此白酱一般都有浓郁的奶香味。

3. 自然气息——青酱：青酱名字 Pesto 来自于意大利语中的 Pestare，也就是"搅碎"的意思。所以它的本意是指通过研磨而成的酱汁，而非特指青绿色的罗勒松子酱。

4. 独具一格——黑酱：黑酱较为少见，这里的"黑"来自于墨鱼胆囊中的天然黑色素，也是天然的鲜味剂，可以给酱料或者其他食材带来海鲜的味觉层次。

综合评价

生产制作完成后，由你本人、你所在的小组其他成员和生产制作指导老师组成综合性评价小组，依据标准填写下列评价表。

"茄汁虾仁意面"实训综合评价表

评价主体	评价要素									
	实施前		实施中			实施后		合计	比例	分值
	资料查找 10%	项目分析 20%	原料准备 10%	生产规范 20%	成品质量 15%	清洁卫生 15%	实训报告 10%	100%		
自我评价									30%	
小组评价									30%	
老师评价									40%	
总　分									100%	

项目 9

奶油烩意大利饺子

奶油烩意大利饺子
操作视频

项目目标

1. 知道制作奶油烩意大利饺子所需的主辅料、调料,并能按标准选用。
2. 掌握奶油烩意大利饺子生产制作步骤、成品质量标准和安全操作注意事项。
3. 能按照企业厨房生产管理有关规定,依据项目实施说明做好各项准备,在团队成员相互配合下独立完成奶油烩意大利饺子的生产制作。
4. 帮助学生理解"业精于勤荒于嬉"的干事创业道理。

* * * * * *

项目分析

奶油烩意大利饺子(见图4-9-1)具有"奶香浓郁、口感软糯、味道鲜美"的特点,蘑菇馅的饺子搭配香味浓郁的奶油培根酱汁,让蘑菇和奶油、培根相结合,不仅营养丰富,口味还独具特色。传统意大利饺子的馅料以香草、新鲜奶酪为主,再配上不同口味的酱汁一同食用。为高质量地完成本项目,各学员不仅要做好准备,还应认真分析以下几个核心问题:

图4-9-1 奶油烩意大利饺子成品图

1. 西餐中的"饺子"最大特点是什么?_____
2. 采用"烩"法制作此菜,需要注意的关键点是什么?_____
3. 意大利饺子常见的形状是什么?_____
4. 装盘时需要注意什么?_____

* * * * * *

项目实施

一、主辅料、调料识别与准备

主料: 手工意大利蘑菇饺 200g(见图4-9-2)。

辅料: 培根 50g,洋葱 50g,口蘑 30g,番芫荽 10g(见图4-9-3)。

调料: 黄油 30g,牛奶 50ml,淡奶油 30ml,黑胡椒碎 2g,盐 1g(见图4-9-4)。

图 4-9-2 主料

图 4-9-3 辅料

图 4-9-4 调料

二、制作流程识读

切制配菜→炒配菜→熬制酱汁→煮饺子→调味→装盘。

三、技术要点解析

1. 意大利饺子的馅料与我国的完全不同，干酪、洋葱、蛋黄是主料，有时也加一些菠菜、牛肉。另外，还有一种是以鸡肉、干酪做主料，主要调料有黄油、洋葱、柠檬皮、肉豆蔻。

2. 意大利饺子的制作方法：把面压成一长条，一勺勺放好馅料，在面的边缘沾上水，再用同样的一条面片合在一起压好，然后用刀一一切开。

四、依据步骤与图示制作

步骤1：将培根肉切小块，洋葱切碎，口蘑切片（见图4-9-5）。

步骤2：将平底锅烧热，放入黄油，下入培根、洋葱和口蘑炒制（见图4-9-6）。

步骤3：把配料炒香后下入牛奶、淡奶油和少量水烧开，放入意大利蘑菇饺转小火慢烩（见图4-9-7），烩至酱汁浓稠。

步骤4：煮至汤汁浓稠后放入少许盐和黑胡椒碎进行调味（见图4-9-8），用炒勺搅拌均匀后盛入盛菜碟中（见图4-9-9）。

步骤5：点缀少许番芫荽（见图4-9-10），即可上菜。

图 4-9-5 配菜刀工成型　　图 4-9-6 炒制配菜　　图 4-9-7 烩制

图 4-9-8 调味　　图 4-9-9 出锅装盘　　图 4-9-10 点缀番芫荽

五、拓展创新探究

奶油烩意大利饺子主要是用奶油汁烩制成菜，也可以根据不同的客户需求进行变化，例如把蘑菇饺换成香草饺，或者把奶油白汁换成番茄汁等。另外，饺子在包制时可以选择正方形、元宝形或口袋形等多种形状，馅料方面可以加入各色奶酪、番茄、火腿、鲜肉或菠菜等。

知识链接

意大利饺子

意大利饺子是意大利南部一种传统的面食类美食，主要原材料为鸡蛋和面。它的做法一般以面皮做成袋状，然后采用各种烹饪方法加工制熟。

1. 制作方法：意大利饺子和我国饺子相比在制作方法上有所不同。意大利饺子的面团中一般会加入马苏里拉奶酪、鸡蛋、芫荽、大葱和干酪等原料。将这些原料混合后，制作成正方形、元宝形、口袋形等。意大利饺子的烹制方法非常多样，常采用煎、烤、烹、焗、烩等，制作好的意大利饺子的口感外酥内软、馅料鲜嫩，非常美味。

2. 口味特点：意大利饺子中最常见的是奶酪菠菜馅的，煮好以后再浇上意大利面酱食用。在意大利，因为地区不同，馅料、蘸酱往往也会有所差异，如豌豆甜菜馅、南瓜泥馅、奶酪火腿馅、番茄酱、罗勒酱等。

综合评价

生产制作完成后，由你本人、你所在的小组其他成员和生产制作指导老师组成综合性评价小组，依据标准填写下列评价表。

"奶油烩意大利饺子"实训综合评价表

评价主体	评价要素								比例	分值
	实施前		实施中			实施后		合计		
	资料查找 10%	项目分析 20%	原料准备 10%	生产规范 20%	成品质量 15%	清洁卫生 15%	实训报告 10%	100%		
自我评价									30%	
小组评价									30%	
老师评价									40%	
总　分									100%	

项目 10

芝士通心粉

芝士通心粉
操作视频

项目目标

1. 知道制作芝士通心粉所需的主辅料、调料，并能按标准选用。
2. 掌握芝士通心粉生产制作步骤、成品质量标准和安全操作注意事项。
3. 能按照企业厨房生产管理有关规定，依据项目实施说明做好各项准备，在团队成员相互配合下独立完成芝士通心粉的生产制作。
4. 引导学生树立坚定的理想信念和职业认同感。

＊＊＊＊＊＊

项目分析

芝士通心粉（见图4-10-1）具有"色泽淡黄、奶香浓郁、口感软滑"的特点，它是法国具有较长历史的代表性菜品之一。芝士通心粉在西餐中属于家常菜的范畴，基本家家户户都会制作，以其制作简单但滋味浓郁而备受人们喜爱。通心粉作为意大利面的一种，源自意大利，老少皆宜、备受喜爱。如今，通心粉经过不断传播和发展逐渐成为一道"现代美食"。为高质量地完成本项目，各学员不仅要做好准备，还应认真分析以下几个核心问题：

图4-10-1 芝士通心粉成品图

1. 通心粉是用什么食材加工制成的？质量特点是什么？_____
2. 熬制芝士奶油酱的制作关键是什么？_____
3. 查询资料，了解马苏里拉芝士的风味特点。_____

＊＊＊＊＊＊

项目实施

一、主辅料、调料识别与准备

主料：通心粉100g（见图4-10-2）。

辅料：牛奶150ml，马苏里拉芝士100g，苦苣10g，番芫荽10g（见图4-10-3）。

调料：黄油20g，盐2g，胡椒粉1g，橄榄油5ml（见图4-10-4）。

模块四　土豆及其他淀粉类菜品制作

图 4-10-2　主料

图 4-10-3　辅料

图 4-10-4　调料

二、制作流程识读

煮通心粉→切制番芫荽→炒制通心粉→加入牛奶和芝士→调味→装盘。

三、技术要点解析

1. 煮通心粉时，可在水中放入少许食用油跟盐，待水沸腾后放入通心粉，煮 4~5 分钟，再调小火煮约 10 分钟，至通心粉熟透即可捞出控干水分。

2. 煮熟的通心粉可加入少许橄榄油拌匀，防止在降温过程中粘连。

四、依据步骤与图示制作

步骤 1：取一少司锅加入 6 分满的水，开火烧沸腾后放入通心粉和少许盐、橄榄油，煮熟后捞出，加入少许橄榄油拌匀备用（见图 4-10-5）

步骤 2：将番芫荽一部分切碎，另一部分切成小朵状（见图 4-10-6）。

步骤 3：将平底锅加热，放入黄油加热至融化后放入煮熟的通心粉，小火煸炒，把表面的水分煸炒干（见图 4-10-7）。

步骤 4：锅中倒入牛奶煮开（见图 4-10-8），然后下入芝士搅拌均匀。

步骤 5：调入番芫荽碎、盐和胡椒粉进行调味（见图 4-10-9），大火煮至浓稠取出。

步骤 6：把煮好的通心粉进行装盘（见图 4-10-10），点缀番芫荽和苦苣即可上菜。

图 4-10-5　初步煮熟成品

图 4-10-6　番芫荽刀工处理成品

图 4-10-7　炒制通心粉

图 4-10-8　加入牛奶和芝士

图 4-10-9　调味

图 4-10-10　出锅装盘

五、拓展创新探究

通心粉的制作方式多样，可以根据喜好制作不同的酱汁，如喜欢酸甜口味的则可搭配番茄酱，喜欢香草口味的则可搭配青酱等。

知识链接

丰富多彩的"通心粉"

通心粉亦称通心面，是国外的一种普通面食制品。通心粉选用淀粉质丰富的粮食作为原料，经粉碎、胶化、加味、挤压、烘干而制成，是一种口感良好、风味独特的面类食品。

通心粉有很多花色品种，以产品形状来分，可分为以下5类。

（1）长通心粉：分为空心的管状、实心的棒状、带状及椭圆形等4种，是通过各种模具挤压成型的。

（2）短通心粉：有空心与实心之分，如弯管形的龙肠粉、螺壳粉等，也有片状的挂花粉、字母粉，也是通过各种模具挤压成型的。

（3）雀巢形通心粉：一般为扁圆形或球形。

（4）片状通心粉：指挤压成薄片并具有特殊形状的面片，如碟形面。

（5）粒状通心粉：加工成小颗粒的通心粉，如"人造米"等粒状产品。

综合评价

生产制作完成后，由你本人、你所在的小组其他成员和生产制作指导老师组成综合性评价小组，依据标准填写下列评价表。

"芝士通心粉"实训综合评价表

评价主体	评价要素								比例	分值
	实施前		实施中			实施后		合计		
	资料查找 10%	项目分析 20%	原料准备 10%	生产规范 20%	成品质量 15%	清洁卫生 15%	实训报告 10%	100%		
自我评价									30%	
小组评价									30%	
老师评价									40%	
总　分									100%	

模块小结

本模块包含具有代表性的土豆及其他淀粉类西餐热菜中的法式炸薯条、法式土豆泥、烤填馅土豆、里昂土豆、西班牙海鲜饭、米兰藏红花烩饭、乡村肉酱千层面、茄汁虾仁意面、奶油烩意大利饺子、芝士通心粉等实训项目。

土豆有"地下苹果"之称，具有很高的营养价值和药用价值，而且土豆在西餐中的烹饪方法十分丰富，可供烧、煮、煎、烤或加工成薯条、薯片、薯泥、薯饼，可以说，在西餐桌上，同时看到多种以土豆为原料的菜品一点也不稀奇。

所谓淀粉类食物，主要指富含碳水化合物的食物以及根茎类蔬菜。富含碳水化合物的食物有大米、玉米、小麦等，根茎类蔬菜则包括山药、薯类等。此外，各种豆类含淀粉比较多，也包括在淀粉类食物中。含淀粉高的食物有很多，如米、面、薯类、粉条等，建议适量食用，可以起到补充营养、缓解饥饿的作用。

米：如大米、小米、西米、黑米等，均含有比较多的淀粉。

面：如玉米面、小麦面、荞麦面等，以及其制成的面条，均含有比较高的淀粉，但比较容易消化、吸收。

薯类：如甘薯、木薯、土豆等，含有丰富的淀粉，主要供给人体所需的碳水化合物、蛋白质、膳食纤维等。

粉条：如红薯粉条、土豆粉条等，其营养价值高，富有嚼劲，适于煮汤、烹炒或凉拌。

土豆及其他淀粉类原料是西餐烹饪中使用量较大的一类原料，适用于几乎所有的西式烹饪技法，鲜料可直接用于菜品加工，如炸薯条、土豆泥等，经干制后的再制品可以用于制作意面、比萨饼等。

练习题

 扫描下方二维码进行线上答题。

练习题

模块五
蔬菜类菜品制作

西餐热菜工艺

学习目标

知识目标：

- 了解奶酪在西餐中的重要文化特征。
- 了解那不勒斯饮食文化特点。
- 熟悉法国菜"五大母酱"的特点及衍生的种类。
- 熟悉西餐中"过三关"炸的操作基本流程。
- 熟悉普罗旺斯炖的工艺流程与风味特点。
- 掌握蔬菜类代表菜肴制作的原料选用特点及工艺流程。
- 掌握西餐"白汁"调制工艺与制作关键。

能力目标：

- 能对小组成员的实训角色进行恰当分配，并能做好组织、统筹、监督、检查的工作。
- 能较好运用鲜活原料初加工技术、刀工技术，依据项目实施相关要求做好蔬菜类西式代表菜肴的准备工作。
- 能够制作蔬菜类西式代表菜肴，且工艺流程、制作步骤、成菜质量等符合相关标准。
- 通过对相关知识的学习与蔬菜类西式代表菜肴的制作，结合餐饮行业的发展方向及市场需求，能创新、开发适销对路的蔬菜类新西餐。

素质目标：

- 能理解"纸上得来终觉浅，绝知此事要躬行"的深刻道理。
- 初步树立传承、弘扬敬业精神的意识。
- 树立做有理想、敢担当、能吃苦、肯奋斗的新时代好青年的理想目标。
- 培养诚实守信、爱岗敬业、勇于创新的优秀品质。

项目 1

菠菜奶酪卷

菠菜奶酪卷
操作视频

项目目标

1. 知道制作菠菜奶酪卷所需的主辅料、调料，并能按标准选用。
2. 掌握菠菜奶酪卷生产制作步骤、成品质量标准和安全操作注意事项。
3. 能按照企业厨房生产管理有关规定，依据项目实施说明做好各项准备，在团队成员相互配合下独立完成菠菜奶酪卷的生产制作。
4. 理解"纸上得来终觉浅，绝知此事要躬行"的深刻道理。

* * * * * *

项目分析

菠菜奶酪卷（见图5-1-1）具有"奶香味浓郁、软嫩适宜、口味咸鲜、色泽焦黄"的特点，此菜是一道意大利风味的经典菜肴。意大利菜非常丰富，菜品多种多样。源远流长的意大利餐，对欧美国家的餐饮产生了深远影响，并发展出包括法餐、美国餐在内的多种派系，故有"西餐之母"之美称。为高质量地完成本项目，各学员不仅要做好准备，还应认真分析以下几个核心问题：

图 5-1-1　菠菜奶酪卷成品图

1. 操作过程中如何保持菠菜的翠绿色？_____
2. 制作此菜，应选用什么奶酪为佳？_____
3. 制作此菜，应采用什么烹饪技法成菜？_____
4. 鲜千层面皮是如何加工成的？_____

* * * * * *

项目实施

一、主辅料、调料识别与准备

主料：菠菜 100g，鲜千层面皮 6 片（见图 5-1-2）。
辅料：瑞士奶酪 30g，马苏里拉芝士 50g，奶油 8ml（见图 5-1-3）。
调料：精盐 2g，黑胡椒碎 1g，意式番茄酱 80g（见图 5-1-4）。

图 5-1-2 主料

图 5-1-3 辅料

图 5-1-4 调料

二、制作流程识读

菠菜焯水→菠菜切段→调制菠菜馅→煮千层面皮→卷制→烤制→装盘。

三、技术要点解析

1. 奶酪的使用量和奶酪品种可以根据生产特点和地方饮食习惯选用。
2. 烤制时需要恰当控制温度和烤制时间，烤制芝士融化且略微上色即可。

四、依据步骤与图示制作

步骤1：菠菜放入锅中焯水，熟透后捞出，放入凉水中透凉（见图5-1-5）。

步骤2：挤掉菠菜中的水分，然后切成3cm左右的段（见图5-1-6），放入盛器中。

步骤3：加入精盐、黑胡椒碎、瑞士奶酪、马苏里拉芝士等，搅拌均匀（见图5-1-7）。

步骤4：锅中加入水，放入精盐，水沸腾后放入面皮煮制（见图5-1-8），煮熟后捞出，放在厨房纸上吸干水分。

步骤5：将面皮放在砧板上，放入菠菜馅，然后卷起来放入烤盘中，淋上意式番茄酱、奶油，撒上马苏里拉芝士（见图5-1-9）。

步骤6：放入175℃的烤箱中烘烤（见图5-1-10）约8分钟，至芝士融化上色取出，稍加点缀即可上菜。

图 5-1-5 焯水后透凉

图 5-1-6 切制菠菜

图 5-1-7 调制菠菜馅

图 5-1-8 煮面皮

图 5-1-9 装入烤盘

图 5-1-10 烤制

五、拓展创新探究

如食谱所做,将菠菜换成杂蔬菜(胡萝卜、西芹、洋葱等),用黄油煎制熟透,用香料调味后融合各式奶酪,即可制成"什锦蔬菜奶酪卷"。

知识链接

探秘意大利奶酪文化

意大利奶酪是世界上最受欢迎和广泛使用的奶酪之一。它们因丰富的味道、独特的口味和多样的营养成分而备受瞩目。意大利奶酪通过特殊的生产工艺制作而成,使其在口感和味道上与其他奶酪有着明显的差别。

1. 种类:意大利奶酪主要可以分为三类:软质奶酪、半硬质奶酪和硬质奶酪。软质奶酪是指含水量高的奶酪,如莫扎里拉奶酪和布里奇奶酪。半硬质奶酪是指含水量适中的奶酪,如意大利干酪和佛罗伦萨贝尔奶酪。硬质奶酪则是指含水量较低的奶酪,如帕尔米干酪和罗马诺干酪。

2. 风味特点:意大利奶酪的口感和味道不仅受到奶酪本身的制作工艺和材料的影响,也受到它们搭配的食材和调料的影响。例如,莫扎里拉奶酪与新鲜的番茄和罗勒相得益彰,帕尔米干酪与意面和意式肉酱的搭配相辅相成。

3. 营养特点:它们富含蛋白质、维生素和矿物质,对人体健康有很多好处。例如,硬质奶酪中富含钙,对骨骼健康至关重要。同时,它们也含有很高的脂肪和盐分,所以在食用时需要适量。

综合评价

生产制作完成后,由你本人、你所在的小组其他成员和生产制作指导老师组成综合性评价小组,依据标准填写下列评价表。

"菠菜奶酪卷"实训综合评价表

评价主体	评价要素									
	实施前		实施中			实施后		合计	比例	分值
	资料查找 10%	项目分析 20%	原料准备 10%	生产规范 20%	成品质量 15%	清洁卫生 15%	实训报告 10%	100%		
自我评价									30%	
小组评价									30%	
老师评价									40%	
总 分									100%	

项目 2

白汁芝士焗西蓝花

白汁芝士焗西蓝花
操作视频

项目目标

1. 知道制作白汁芝士焗西蓝花所需的主辅料、调料,并能按标准选用。
2. 掌握白汁芝士焗西蓝花生产制作步骤、成品质量标准和安全操作注意事项。
3. 能按照企业厨房生产管理有关规定,依据项目实施说明做好各项准备,在团队成员相互配合下独立完成白汁芝士焗西蓝花的生产制作。
4. 树立传承、弘扬敬业精神的意识。

✶✶✶✶✶✶

项目分析

白汁芝士焗西蓝花(见图 5-2-1)具有"奶香味浓郁、口感爽脆、色泽翠绿焦黄"的特点。

白汁即奶油汁,是一种基础酱汁,使用牛奶、黄油、面粉等原料加工而成。白汁常用于制作其他酱汁,如干酪白汁(芝士加上白汁)等。白汁是法国菜"五大母酱"之一,也常见于意大利美食的食谱,如千层面等。为高质量地完成本项目,各学员不仅要做好准备,还应认真分析以下几个核心问题:

图 5-2-1 白汁芝士焗西蓝花成品图

1. 如何调制合格的白汁?_____
2. 焗制此菜的最佳温度是多少?_____
3. 如何保持西蓝花翠绿的特征?_____

✶✶✶✶✶✶

项目实施

一、主辅料、调料识别与准备

主料：西蓝花 1 颗约 190g(见图 5-2-2)。

辅料：小番茄 4 个约 35g,牛奶 150ml,低筋面粉 30g,芝士片 2 片,马苏里拉芝士碎 50g(见图 5-2-3)。

调料：黄油 40g,橄榄油 8ml,精盐 6g,黑胡椒碎 1g(见图 5-2-4)。

图5-2-2 主料

图5-2-3 辅料

图5-2-4 调料

二、制作流程识读

浸泡西蓝花→刀工处理→焯水→制作白汁→装入焗盘→焗制。

三、技术要点解析

1. 西蓝花先浸泡后再进行刀工处理,可以减少水溶性维生素的流失。
2. 制作白汁的面粉应过筛,以提高成品的细腻度。

四、依据步骤与图示制作

步骤1:将西蓝花放入清水中,加入精盐4g,浸泡约20分钟后捞出(见图5-2-5)。

步骤2:将西蓝花切成大小适中的小块,小番茄对半切开(见图5-2-6)。

步骤3:锅中加入清水、盐及橄榄油,待水沸腾后放入西蓝花(见图5-2-7),待西蓝花熟透后,捞出控干水分。

步骤4:锅中加入黄油,融化后加入面粉炒匀,再分次加入牛奶,之后加入芝士片煮至浓稠(见图5-2-8),盛出三分之一,再放入煮熟后的西蓝花和精盐、黑胡椒碎搅拌均匀后盛入焗盘中。

步骤5:放入小番茄,淋上白汁,撒上马苏里拉芝士碎(见图5-2-9),放进175℃的焗炉中焗制(见图5-2-10),约10分钟后表面出现焦黄色斑点即可取出上菜。

图5-2-5 浸泡西蓝花

图5-2-6 刀工处理成品

图5-2-7 西蓝花焯水

图5-2-8 制作白汁

图5-2-9 装入焗盘

图5-2-10 焗制

五、拓展创新探究

制作白汁时也可加入蛋黄或将芝士片换成巴马臣芝士粉、蓝波芝士碎等；在调味方面可以加入柠檬汁、辣椒粉、法式第戎芥末等；采用此技法成菜的还可以将西蓝花换成花椰菜、球芽甘蓝、西芹、宝塔菜等。

知识链接

法国菜"五大母酱"

1. **褐酱**：褐酱也叫棕酱，褐酱是用面粉和牛肉汤制成的，里面也会加入其他成分。褐酱本身的味道相当浓郁，通常被稀释或者直接混合到其他酱汁中。

2. **天鹅绒酱**：天鹅绒酱是一种白酱，是用高汤或水来代替奶油或牛奶制成的。天鹅绒酱也是很百搭的酱，可以在里面添加任何想要的风味，甚至是加入葡萄酒。

3. **贝夏梅尔酱**：贝夏梅尔酱是另一种白酱。贝夏梅尔酱里面含有黄油和牛奶，所以酱汁的质地非常柔滑和浓稠。在使用时，可以在里面添加洋葱粉、大蒜、盐和胡椒粉等基础调味料，也可以按照个人想法和口味加入其他配料。

4. **番茄酱**：现代番茄酱是通过将番茄和调味料熬煮变稠制成的。番茄酱是法式料理中一种重要的酱汁，可以搭意大利面以及肉类一起食用。

5. **荷兰酱**：荷兰酱由鸡蛋、柠檬和黄油等制成，制作的时候需要很大的耐心和合适的温度。荷兰酱被用于多种菜肴中，最出名的就是班尼迪克蛋。

综合评价

生产制作完成后，由你本人、你所在的小组其他成员和生产制作指导老师组成综合性评价小组，依据标准填写下列评价表。

"白汁芝士焗西蓝花"实训综合评价表

评价主体	评价要素								比例	分值
	实施前		实施中			实施后		合计		
	资料查找 10%	项目分析 20%	原料准备 10%	生产规范 20%	成品质量 15%	清洁卫生 15%	实训报告 10%	100%		
自我评价									30%	
小组评价									30%	
老师评价									40%	
总 分									100%	

项目 3

那不勒斯烤香料番茄

那不勒斯烤香料番茄操作视频

项目目标

1. 知道制作那不勒斯烤香料番茄所需的主辅料、调料,并能按标准选用。
2. 掌握那不勒斯烤香料番茄生产制作步骤、成品质量标准和安全操作注意事项。
3. 能按照企业厨房生产管理有关规定,依据项目实施说明做好各项准备,在团队成员相互配合下独立完成那不勒斯烤香料番茄的生产制作。
4. 增强学习意识,培养精益求精的工匠精神。

******

项目分析

那不勒斯烤香料番茄(见图 5-3-1)具有"形态美观、汁水丰腴、香料味浓郁"的特点。在 18 世纪末,那不勒斯的人们就开始食用番茄,直到今天番茄依然是一大必不可少的食材。为高质量地完成本项目,各学员不仅要做好准备,还应认真分析以下几个核心问题:

图 5-3-1 那不勒斯烤香料番茄成品图

1. 此道菜的"香料"具体用到了哪些品种? _____
2. 应选用什么品种的番茄制作此菜? _____
3. 制作此菜用面火炉烤还是烤箱烤? _____
4. 烤制的时间和温度的标准是什么? _____

******

项目实施

一、主辅料、调料识别与准备

主料:西红柿 1 个(见图 5-3-2)。

辅料:洋葱 20g,培根 1 片,大蒜 4 瓣,小葱头 40g,马苏里拉芝士 20g,沙拉蔬菜 15g,香菜 3g(见图 5-3-3)。

调料:橄榄油 15ml,精盐 2g,黑胡椒碎 2g,青酱 4g,杂香草碎 2g(见图 5-3-4)。

图 5-3-2 主料

图 5-3-3 辅料

图 5-3-4 调料

二、制作流程识读

辅料切制→辅料调料拌匀→处理番茄→填入番茄→放入烤箱烤制→装盘。

三、技术要点解析

1. 番茄不必太大,但一定要选择饱满多汁的。
2. 注意要选用专用烤盘,不能选用餐具替代,以免入烤箱后炸裂。

四、依据步骤与图示制作

步骤1:将洋葱、培根切成细丝,香菜切末(见图5-3-5)。

步骤2:把洋葱丝、培根丝、香菜末放入盛器中,加精盐、橄榄油拌匀(见图5-3-6)。

步骤3:将番茄的顶部切开,然后将番茄中心的瓤全部挖出(见图5-3-7)。

步骤4:把拌好的馅料填入番茄中,将其填满(见图5-3-8),将马苏里拉芝士撒在番茄上,放在烤盘中。

步骤5:小葱头、大蒜用橄榄油、精盐、黑胡椒碎、杂香草碎拌匀,放进烤盘中,放入175℃的烤箱中烤约8分钟至番茄熟透取出(见图5-3-9)。

步骤6:将配菜装入盛菜碟,摆上少许蔬菜,淋上青酱(见图5-3-10),即可上菜。

图 5-3-5 辅料切制成品

图 5-3-6 辅料调料拌制

图 5-3-7 番茄处理成品

图 5-3-8 填入馅料

图 5-3-9 烤制番茄

图 5-3-10 装盘

五、拓展创新探究

如食谱所做，可以将西红柿切成 2cm 左右的厚片，用食谱中的辅料及调味料一起拌匀，不放芝士，放入烤箱中烘烤至熟，即可制成"香料烤番茄"的另一个版本。

知识链接

美食之宠——番茄

番茄在我国各地都有种植，番茄的营养丰富，既可以生吃，也可以煮食，在我国是非常常见的美食之一。

番茄，营养丰富、酸甜可口，因其独特的营养价值和口感优势，逐渐成为餐桌上必不可少的一种果蔬食品。番茄可凉拌、可炒食，可以用于制薯片、饼干，还可以制成番茄酱等番茄制品，番茄正在食品饮料领域掀起一轮热潮。2023 年，我国番茄产量已达 800 万吨，足见消费者对健康饮食和多元口味的追求。

如今，从黑龙江畔到珠江流域，从东海之滨至青藏高原，我国的大江南北都栽培有各种各样的番茄。自从番茄成为餐桌上的美食，仅仅过去 100 多年的时间，人们就培育出各式各样的番茄，不仅有不同的形状，还有红、黄、绿等不同的颜色，在口感上也各具特色。

综合评价

生产制作完成后，由你本人、你所在的小组其他成员和生产制作指导老师组成综合性评价小组，依据标准填写下列评价表。

"那不勒斯烤香料番茄"实训综合评价表

评价主体	评价要素								比例	分值
	实施前		实施中			实施后		合计		
	资料查找 10%	项目分析 20%	原料准备 10%	生产规范 20%	成品质量 15%	清洁卫生 15%	实训报告 10%	100%		
自我评价									30%	
小组评价									30%	
老师评价									40%	
总 分									100%	

项目 4

炸茄子配番茄汁

炸茄子配番茄汁
操作视频

项目目标

1. 知道制作炸茄子配番茄汁所需的主辅料、调料，并能按标准选用。
2. 掌握炸茄子配番茄汁生产制作步骤、成品质量标准和安全操作注意事项。
3. 能按照企业厨房生产管理有关规定，依据项目实施说明做好各项准备，在团队成员相互配合下独立完成炸茄子配番茄汁的生产制作。
4. 树立做新时代"四有青年"的理想目标。

* * * * * *

项目分析

炸茄子配番茄汁（见图5-4-1）具有"外酥里嫩、色泽金黄、口味酸甜、鲜香浓郁"的特点。茄子在西餐中常见的烹饪方法是炸、烤，其次是煎、烧等。将茄子与芝士进行搭配能很好地突出二者的良好风味。为高质量地完成本项目，各学员不仅要做好准备，还应认真分析以下几个核心问题：

图 5-4-1 炸茄子配番茄汁成品图

1. 如何防止茄子产生"酶促褐变反应"？_____
2. 芝士片的主要成分是什么？_____
3. 茄子过"三关"具体指哪"三关"？_____
4. 瓤制芝士时需要注意什么？_____
5. 炸制的油温应控制在什么范围？_____

* * * * * *

项目实施

一、主辅料、调料识别与准备

主料：茄子1段约150g（见图5-4-2）。
辅料：芝士片2片，面粉20g，鸡蛋2个，面包糠30g（见图5-4-3）。
调料：番茄酱20g，芝士粉5g（见图5-4-4）。

图 5-4-2　主料　　　　　　　图 5-4-3　辅料　　　　　　　图 5-4-4　调料

二、制作流程识读

茄子刀工处理→瓤制→打散鸡蛋→过"三关"→炸制→装盘。

三、技术要点解析

1. 茄子尽量不要提前切好，如果提前切好要放入清水中浸泡，防止氧化变黑。
2. 炸制时需要恰当控制油温，防止炸焦。

四、依据步骤与图示制作

步骤 1：刨去茄子外皮，然后切成 1cm 左右厚度的夹刀片（见图 5-4-5）。

步骤 2：将芝士片瓤入茄子中（见图 5-4-6）。

步骤 3：将鸡蛋打入碗中，用蛋抽打散（见图 5-4-7）。

步骤 4：将瓤好的茄子表面均匀地沾裹上面粉，再均匀地裹上鸡蛋液，再均匀粘上面包糠，即为过"三关"（见图 5-4-8）。

步骤 5：将锅中的油加热至 170℃，放入茄子炸制（见图 5-4-9），炸制过程中要适当翻动，保持油温炸约 3 分钟即可捞出。

步骤 6：将炸好的茄子摆放在盛菜碟中，挤上番茄酱，撒入芝士粉（见图 5-4-10），稍加点缀即可上菜。

图 5-4-5　切茄子　　　　　　图 5-4-6　瓤制茄子成品　　　　图 5-4-7　打散鸡蛋

图 5-4-8　过"三关"成品　　　图 5-4-9　炸制　　　　　　　图 5-4-10　装盘

五、拓展创新探究

西餐里常会把茄子加工成细茸做菜。把茄子的外皮烤或烧焦后去皮，取出里面的肉，把其剁成细细的茸，加入所需的调味料，就可以做成美味佳肴；也可以把整个茄子直接放在烤箱里，等里面的肉熟了、软了后，把外皮剥掉即可；还可以把整个茄子放在明火上烧，等外皮全部烧焦后，用冷水冲洗掉外皮，这样做出来的茸有一股诱人的焦香。

知识链接

烹饪原料初步加工中的褐变及预防处理

在烹饪及日常生活中，常常会遇到水果、蔬菜及其他食品出现变色现象，如茄子、土豆、山药、藕、苹果等削皮后会变成褐色，这种变色现象称为褐变。褐变作用不仅使原料的表面色泽发生变化，而且营养成分、风味也往往会随之改变，同时还会降低原料质量。

1. **酶促褐变的原因**：含酶食物在催化作用下发生的生物化学反应引起的褐变叫作酶促褐变，在食物贮藏与加工过程中所发生的与酶无关的褐变称为非酶促褐变。常见蔬菜水果所发生的褐变主要是酶促褐变。

2. **酶促褐变的预防处理**：酶促褐变需有氧气参与，在无氧的条件下，酶促褐变不会发生。将水果蔬菜去皮切制成型后迅速浸入水中与空气中的氧气隔离，可以防止褐变；还可用维生素C溶液、盐水或糖水处理，效果更好，这是因为维生素C在自动氧化的过程中能消耗切后蔬果表面组织中的部分氧气；上浆与挂糊的果蔬在油炸时也可以防止褐变，如拔丝苹果、炸藕夹等。

综合评价

生产制作完成后，由你本人、你所在的小组其他成员和生产制作指导老师组成综合性评价小组，依据标准填写下列评价表。

"炸茄子配番茄汁"实训综合评价表

评价主体	评价要素								比例	分值
	实施前		实施中			实施后		合计		
	资料查找 10%	项目分析 20%	原料准备 10%	生产规范 20%	成品质量 15%	清洁卫生 15%	实训报告 10%	100%		
自我评价									30%	
小组评价									30%	
老师评价									40%	
总 分									100%	

项目 5

普罗旺斯炖菜

普罗旺斯炖菜
操作视频

项目目标

1. 知道制作普罗旺斯炖菜所需的主辅料、调料,并能按标准选用。
2. 掌握普罗旺斯炖菜生产制作步骤、成品质量标准和安全操作注意事项。
3. 能按照企业厨房生产管理有关规定,依据项目实施说明做好各项准备,在团队成员相互配合下独立完成普罗旺斯炖菜的生产制作。
4. 深入理解技能学习的重要性,做到熟能生巧、融会贯通。

* * * * * *

项目分析

普罗旺斯炖菜(见图 5-5-1)具有"色泽鲜艳、口感丰富、味道浓郁"的特点。这道菜品源于普罗旺斯地区的一种乡村菜肴,原本是当地农民会把现采的蔬菜一同放入锅中煮成菜肴。随着时间的推移和多方改良,如今已成为法国各大餐厅和家庭餐桌上的经典菜式。在普罗旺斯炖菜的烹饪过程中,番茄和其他蔬菜的搭配是关键。这道菜品独特口感和风味的形成,离不开番茄、洋葱、蒜等基础材料的完美融合。为高质量地完成本项目,各学员不仅要做好准备,还应认真分析以下几个核心问题:

图 5-5-1 普罗旺斯炖菜成品图

1. 选用的主料蔬菜对种类和质量有什么要求?_____
2. 进入烤箱烤制时,所用的盛器有什么特点?_____
3. 盛菜的盛器具有什么特点?_____

* * * * * *

项目实施

一、主辅料、调料识别与准备

主料:茄子 1/2 个约 150g,节瓜 1/2 个约 160g,番茄 1 个约 150g(见图 5-5-2)。

辅料:番茄 2 个,红甜椒 80g,黄甜椒 80g,洋葱 40g,大蒜 15g,欧芹碎 1g,鲜罗勒叶 2g,松子仁 3g(见图 5-5-3)。

调料:橄榄油 40ml,精盐 2g,黑胡椒碎 2g,香叶 2 片,香草碎 2g,帕玛森芝士碎 5g(见图 5-5-4)。

图 5-5-2　主料　　　　　图 5-5-3　辅料　　　　　图 5-5-4　调料

二、制作流程识读

番茄去皮→刀工处理→煮制酱料→酱汁调味→蔬菜装入盛器中→烤制→装盘。

三、技术要点解析

1. 煮制时火力不能过猛，避免蔬菜在出水前被烧焦。
2. 在进烤箱前要在蔬菜上面盖上一层锡箔纸，避免蔬菜表面烤得过干。

四、依据步骤与图示制作

步骤1：在2个番茄顶部切"十"字花刀（见图5-5-5），放入开水中烫约1分钟，捞出放入凉水中冷却，去掉番茄皮。

步骤2：去皮番茄切碎，洋葱切碎，大蒜切碎，红甜椒和黄甜椒切丁，将茄子切片，节瓜切片，非去皮番茄切片（见图5-5-6）。

步骤3：锅中放入橄榄油，油热后放入洋葱、大蒜一起翻炒，加入香叶和香草碎继续翻炒，之后加入红甜椒丁、黄甜椒丁翻炒，加入盐、黑胡椒碎，继续翻炒至原料变软，加入番茄丁，继续煮约10分钟（见图5-5-7）。

步骤4：待番茄软烂且酱汁浓稠时，加入鲜罗勒叶，炒匀后出锅（见图5-5-8）。

步骤5：将酱汁放在焗碟中垫底，然后依次摆上茄子、番茄、节瓜（见图5-5-9），淋上橄榄油、盐、黑胡椒碎，盖上锡箔纸放入烤箱，180℃烤40分钟后取出，去掉锡箔纸，然后再烤10分钟。

步骤6：取一份装入盛菜碟中（见图5-5-10），撒上帕玛森芝士碎、欧芹碎、松子仁，稍加点缀即可上菜。

图 5-5-5　切"十字"花刀　　　图 5-5-6　刀工处理成品　　　图 5-5-7　熬制酱汁

图 5-5-8　酱汁成品

图 5-5-9　蔬菜装入盛器中

图 5-5-10　成品装盘

五、拓展创新探究

制作此菜的关键是要选用当季食材，在摆盘和酱汁上可以做些意式口味特点的变化。在摆盘上，把蔬菜切薄片做成了卷花式，酱汁的调配当然离不开万能的帕马森芝士和香脆的松子仁。

知识链接

探寻普罗旺斯饮食文化

1. 拥有着丰富多样的特色食材：当地最为著名的当属洋葱、蒜头和橄榄油。蒜蓉酱和橄榄油在当地菜品制作中占有重要地位，是普罗旺斯美食中最常见的食材。

2. 以多种草药和香料为特色：著名的"普罗旺斯香料"混合了许多普罗旺斯地区的特色香料，包括百里香、迷迭香、鼠尾草和马齿苋等，是当地许多菜品的必备调料。

3. 特色蔬菜与菜肴：普罗旺斯特色蔬菜非常多，比如茄子、南瓜和番茄等，这些蔬菜种类繁多、品质优良，成为普罗旺斯菜品中不可或缺的重要食材。当地的美食特色多样，包括传统家庭菜、牛肉炖菜、当地特色浓汤等。此外，普罗旺斯地区餐厅用餐时间和方式也十分特别，仪式感极强。

综合评价

生产制作完成后，由你本人、你所在的小组其他成员和生产制作指导老师组成综合性评价小组，依据标准填写下列评价表。

"普罗旺斯炖菜"实训综合评价表

评价主体	评价要素							合计	比例	分值
	实施前		实施中			实施后				
	资料查找 10%	项目分析 20%	原料准备 10%	生产规范 20%	成品质量 15%	清洁卫生 15%	实训报告 10%	100%		
自我评价									30%	
小组评价									30%	
老师评价									40%	
总　分									100%	

项目 6

炸洋葱圈

炸洋葱圈操作视频

项目目标

1. 知道制作炸洋葱圈所需的主辅料、调料,并能按标准选用。
2. 掌握炸洋葱圈生产制作步骤、成品质量标准和安全操作注意事项。
3. 能按照企业厨房生产管理有关规定,依据项目实施说明做好各项准备,在团队成员相互配合下独立完成炸洋葱圈的生产制作。
4. 理解"人尽其才,物尽其用"谚语的启示。

＊＊＊＊＊＊

项目分析

炸洋葱圈(见图5-6-1)具有"口感酥脆、口味香甜、色泽金黄"的特点。炸洋葱圈在北美是非常常见的小吃,从快餐店的单点,到大餐厅的边盘、配菜都能见到它的身影。炸洋葱圈通常由一个横截面的洋葱圈,蘸上面糊或面包屑油炸而成。为高质量地完成本项目,各学员不仅要做好准备,还应认真分析以下几个核心问题:

图 5-6-1　炸洋葱圈成品图

1. 炸洋葱圈宜选用什么品种的洋葱?_____
2. 炸制前洋葱需要经过哪些环节的处理?_____
3. 炸洋葱圈可以搭配哪些酱汁食用?_____
4. 烹炸制时如何才能使成品外表酥脆?_____

＊＊＊＊＊＊

项目实施

一、主辅料、调料识别与准备

主料：白洋葱 1/2 个约 200g(见图 5-6-2)。
辅料：牛奶 100ml,低筋面粉 180g,小苏打 2g,鸡蛋 1 个(见图 5-6-3)。
调料：辣椒粉 6g,白胡椒粉 0.5g,精盐 2g(见图 5-6-4)。

图 5-6-2 主料

图 5-6-3 辅料

图 5-6-4 调料

二、制作流程识读

混合鸡蛋牛奶→调糊→切成圈→挂糊→炸制→装盘。

三、技术要点解析

1. 优先选用白洋葱,含水量大,口感较脆,辛辣味较明显。
2. 切洋葱圈的时候不要切得太细,避免口感变差。
3. 在炸洋葱圈的时候一定要控制好时间和火力,防止炸焦。

四、依据步骤与图示制作

步骤1:将鸡蛋敲开然后混入牛奶,搅打均匀(见图5-6-5)。

步骤2:将120g低筋面粉与小苏打、精盐、辣椒粉、白胡椒粉混合均匀,然后倒入牛奶鸡蛋混合液,搅拌成浓稠的脆炸糊(见图5-6-6)。

步骤3:将洋葱切成0.5cm宽的圈,放入冷水中以保持其脆度。(见图5-6-7)。

步骤4:将洋葱圈捞出,控干表面的水分(见图5-6-8)。

步骤5:将洋葱圈撒上低筋面粉,并抖掉多余的面粉(见图5-6-9),然后放入面糊中均匀地裹上一层脆炸糊,放入175℃的油锅中炸(见图5-6-10),洋葱圈变黄后取出放在吸油纸上,装入盛菜碟中即成。

图 5-6-5 鸡蛋牛奶拌匀

图 5-6-6 调制脆炸糊

图 5-6-7 洋葱泡水

图 5-6-8 控水

图 5-6-9 撒上面粉

图 5-6-10 炸制

五、拓展创新探究

制作此菜时，可以用啤酒代替牛奶，不加小苏打，即得"啤酒面拖"；在调糊时增加牛奶，小苏打减半，即得"奶油牛奶糊"；炸制时，可以在裹上糊后再沾面包糠、坚果碎等调料以丰富其口味。

知识链接

洋葱圈的历史文化

1. **历史**：洋葱圈的历史可以追溯到 19 世纪早期，当时在美国和英国的酒吧中非常流行。随着时间的推移，洋葱圈逐渐成为一种家庭烹饪食品，而且越来越受人们的喜爱。现在，洋葱圈已经成为全球范围内的美食。

2. **制作方法**：炸洋葱圈的制作方法非常简单，只需要将洋葱切成圆圈状，然后裹上面粉或面包屑，再进行炸制即可。当然，不同的人会有不同的烹饪方法，但总的来说，这是一种非常简单的食品制作方法。

3. **美食文化**：炸洋葱圈不仅仅是一种美食，它还代表着一种美食文化。在美国，洋葱圈被称为"开胃菜"，通常在主菜之前供应。而在一些其他地区，洋葱圈则被视为一种小吃，可以在街头小摊上买到。无论是在哪里，洋葱圈都是一种非常受欢迎的食品，代表着人们对美食的追求和热爱。

4. **营养价值**：洋葱在欧洲被誉为"菜中皇后"，其营养成分丰富，虽然炸洋葱圈看起来非常油腻，但它其实是一种非常有营养的食品。洋葱含有丰富的维生素 C 和纤维素，而且还有一些抗氧化剂，可以帮助人们保持健康。

综合评价

生产制作完成后，由你本人、你所在的小组其他成员和生产制作指导老师组成综合性评价小组，依据标准填写下列评价表。

"炸洋葱圈"实训综合评价表

评价主体	评价要素								比例	分值
	实施前		实施中			实施后		合计		
	资料查找 10%	项目分析 20%	原料准备 10%	生产规范 20%	成品质量 15%	清洁卫生 15%	实训报告 10%	100%		
自我评价									30%	
小组评价									30%	
老师评价									40%	
总　分									100%	

项目 7

法式蒜香煎口蘑

法式蒜香煎口蘑
操作视频

项目目标

1. 知道制作法式蒜香煎口蘑所需的主辅料、调料,并能按标准选用。
2. 掌握法式蒜香煎口蘑生产制作步骤、成品质量标准和安全操作注意事项。
3. 能按照企业厨房生产管理有关规定,依据项目实施说明做好各项准备,在团队成员相互配合下独立完成法式蒜香煎口蘑的生产制作。
4. 引导学生树立诚信品质,为职业提升发展打下坚实基础。

✶✶✶✶✶✶

项目分析

法式蒜香煎口蘑(见图 5-7-1)具有"口感爽脆、口味鲜香、形态美观"的特点。西餐中运用煎制技法烹调蔬菜是比较常见的做法,但西式厨房里用于煎的容器几乎只有平底煎锅,用于煎的导热原料有两种:植物油和动物脂肪。为高质量地完成本项目,各学员不仅要做好准备,还应认真分析以下几个核心问题:

图 5-7-1 法式蒜香煎口蘑成品图

1. 优质的口蘑应该具有什么品相? _____
2. 煎制过程中应如何控制火力的大小? _____
3. 刀工处理时大蒜应加工成什么形态? _____
4. 口蘑应煎至什么程度? _____

✶✶✶✶✶✶

项目实施

一、主辅料、调料识别与准备

主料:口蘑 8 个约 180g(见图 5-7-2)。

辅料:番芫荽 3g,大蒜 3 粒,洋葱 25g(见图 5-7-3)。

调料:黄油 20g,橄榄油 5ml,白兰地酒 5ml,精盐 1g,白胡椒粉 0.5g,迷迭香 2 支(见图 5-7-4)。

图 5-7-2 主料

图 5-7-3 辅料

图 5-7-4 调料

二、制作流程识读

旋蘑菇→刀工处理→炒制小料→煎制蘑菇→调味成菜。

三、技术要点解析

1. 口蘑需要选用新鲜的，色泽乳白的为佳。
2. 制作时可以根据蘑菇的特点进行花刀处理，例如"兰花"花刀。

四、依据步骤与图示制作

步骤 1：将口蘑采用旋刀技法旋成"旋风蘑菇"（见图 5-7-5）。

步骤 2：将洋葱切成小丁、大蒜剁蓉、番芫荽切碎（见图 5-7-6）。

步骤 3：选用中号平底锅一个，加入橄榄油和黄油，再加入洋葱丁、蒜蓉，小火炒香，然后加入白兰地酒点燃（见图 5-7-7）。

步骤 4：待火灭掉后放入蘑菇稍微翻炒，然后放入迷迭香（见图 5-7-8），继续小火煎制，煎制过程中不断翻面（见图 5-7-9），让蘑菇受热均匀。

步骤 5：待蘑菇熟透后加入盐、白胡椒粉调味，然后撒上番芫荽碎（见图 5-7-10），即可盛出，摆入盘中简单装饰即可上菜。

图 5-7-5 旋风蘑菇成品

图 5-7-6 刀工成品

图 5-7-7 烧制白兰地酒

图 5-7-8 加入迷迭香

图 5-7-9 小火煎制

图 5-7-10 调味

五、拓展创新探究

运用此法可以将口蘑换成香菇、鸡腿菇、鲍鱼菇等，原料可以多样化；也可以在煎制完成环节加入奶酪碎，再放入175℃的烤箱中烘烤，制成"奶酪香煎口蘑"。

知识链接

西餐中的大蒜怎么吃？

在诸多的西餐料理中，大蒜的使用很常见，比如亚洲、地中海地区、意大利等各式菜肴中，独特的蒜香味着实能让料理增色不少。西餐中基本不会选择生食的吃法，而是用各种加工熟制的方法来调和出大蒜独特的味道。

1. 烤大蒜：烤熟后的大蒜非常香甜，这是因为大蒜含有丰富的碳水化合物，所以烤熟后会带有鲜甜软糯的滋味。烤大蒜的用途非常广泛，比如牛排配上烤大蒜，再佐上一些橄榄油或者是黑醋，就是一道非常地道的意餐料理。

2. 香蒜酱：辛辣的蒜瓣、清香的橄榄油、醇厚的黄油，再加入一些西餐中常用的香辛调料，充分打碎融合，即可获得滋味独特的香蒜酱，蒜香浓郁、滑腻清爽。

3. 油泡蒜：大蒜还可以浸泡在油里，让大蒜的香味散发到油里。蒜香油可以用来炒各类蔬菜、肉和意大利面。

4. 油封蒜：在锅里放入油，烧到80℃左右，将整蒜切除底部放入油中，煨30~40分钟，即可制成油封蒜。油封蒜一般用来搭配羊肉类菜肴食用，主要起除腻解腥的作用。油封蒜的风味软糯、鲜香，有时会有入口即化的感觉。

综合评价

生产制作完成后，由你本人、你所在的小组其他成员和生产制作指导老师组成综合性评价小组，依据标准填写下列评价表。

"法式蒜香煎口蘑"实训综合评价表

评价主体	评价要素								比例	分值
	实施前		实施中			实施后		合计		
	资料查找 10%	项目分析 20%	原料准备 10%	生产规范 20%	成品质量 15%	清洁卫生 15%	实训报告 10%	100%		
自我评价									30%	
小组评价									30%	
老师评价									40%	
总 分									100%	

项目 8

灰胡桃南瓜泥

项目目标

1. 知道制作灰胡桃南瓜泥所需的主辅料、调料，并能按标准选用。
2. 掌握灰胡桃南瓜泥生产制作步骤、成品质量标准和安全操作注意事项。
3. 能按照企业厨房生产管理有关规定，依据项目实施说明做好各项准备，在团队成员相互配合下独立完成灰胡桃南瓜泥的生产制作。
4. 理解"爱岗敬业、勇于创新"与个人职业生涯发展的密切关系。

✶ ✶ ✶ ✶ ✶ ✶

项目分析

灰胡桃南瓜泥（见图 5-8-1）具有"口感绵密细腻、香气四溢"的特点。南瓜泥是一个富有象征意义的食物，它常常被当作万圣节的代表食品。在西方文化中，南瓜代表着丰收，因为它是秋季收成中最重要的作物之一；南瓜还象征着家庭和团聚，因为它通常是家人在一起制作和享用的食物。在万圣节，人们会在南瓜上雕刻出各种面孔，这代表着驱赶恶灵和邪恶的力量。为高质量地完成本项目，各学员不仅要做好准备，还应认真分析以下几个核心问题：

图 5-8-1 灰胡桃南瓜泥成品图

1. 灰胡桃南瓜的品质特点是什么？＿＿＿＿＿＿＿＿＿＿＿＿＿＿＿＿＿＿＿＿
2. 如何获得口感细腻的南瓜泥？＿＿＿＿＿＿＿＿＿＿＿＿＿＿＿＿＿＿＿＿
3. 南瓜为什么能成为万圣节的代表食品？＿＿＿＿＿＿＿＿＿＿＿＿＿＿＿＿

✶ ✶ ✶ ✶ ✶ ✶

项目实施

一、主辅料、调料识别与准备

主料：灰胡桃南瓜 2 块约 200g（见图 5-8-2）。

辅料：干葱头 10g，蒜头 7g，白巧克力碎 10g（见图 5-8-3）。

调料：黄油 10g，精盐 1g，鲜迷迭香 1g，奶油 15ml，橄榄油 5ml（见图 5-8-4）。

图 5-8-2 主料

图 5-8-3 辅料

图 5-8-4 调料

二、制作流程识读

刀工处理→腌制→装入烤盘→烤制→制泥→煮制→装盘。

三、技术要点解析

1. 挑选优质的灰胡桃南瓜，加工出的成品口感更佳，更加细腻。

2. 烤软烂的南瓜可放入搅拌机中搅拌成泥状或用筛网挤压成泥状。

四、依据步骤与图示制作

步骤1：将南瓜去皮、去瓤后放在砧板上切成约3cm见方的块，再放入较大的盛器中，蒜头去皮后切成0.2cm厚的片（见图5-8-5）。

步骤2：加入鲜迷迭香、精盐、干葱头、蒜片及橄榄油拌匀（见图5-8-6）。

步骤3：将拌匀的南瓜倒入烤盘中，用锡纸覆盖（见图5-8-7）。

步骤4：将南瓜放入烤箱中，用170℃的温度烘烤约30分钟（见图5-8-8），至南瓜软糯取出。

步骤5：将南瓜放在筛网上过筛（见图5-8-9），制成细腻的南瓜泥。

步骤6：锅中倒入奶油，加入黄油，黄油融化后倒入过滤好的南瓜泥炒制（见图5-8-10），搅拌均匀装入盛菜碟中，撒入白巧克力碎，稍加装饰即可上菜。

图 5-8-5 刀工成品

图 5-8-6 拌制南瓜

图 5-8-7 倒入烤盘

图 5-8-8 烤制

图 5-8-9 筛网过筛

图 5-8-10 回锅炒制

五、拓展创新探究

制作此菜时，可以根据消费者的需求加入牛奶、鸡蛋、黄油、盐和黑胡椒调味，这些材料的比例也可以根据口味进行调整。如果喜欢浓郁的奶香味，可以适量多加一些牛奶；如果喜欢更加丰富的口感，可以加入适量黄油等。

知识链接

万圣节与南瓜

每年的11月1日是西方国家的传统节日万圣节，南瓜在万圣节中扮演着重要的角色。做南瓜灯、吃南瓜派是万圣节的传统习俗和标志，为节日增添了乐趣和喜庆。

1. 南瓜灯：南瓜灯是万圣节庆祝活动中不可或缺的元素，制作南瓜灯的过程非常有趣。首先，人们会选择一个大而光滑的南瓜，然后用刀将南瓜的顶部切开，将南瓜中的瓤子挖空。然后，用刻刀在南瓜的外壳刻出各种各样的面孔，这些面孔通常是吓人而又滑稽的。最后，人们会将蜡烛点燃并放入南瓜内部，南瓜灯就会散发出温暖的光芒。在万圣节的夜晚把这些南瓜灯放在窗前或庭院里，并点亮它们，以驱邪求福。

2. 南瓜派：南瓜派是万圣节的节庆食品，特别是在美国。南瓜派是美国南方的深秋到初冬的传统家常点心，特别在万圣节前后，会成为一种应景的食物。南瓜派的做法是将南瓜切块去瓤，蒸熟后去皮捣成泥，加蜂蜜、面粉、糯米粉，和成软软的南瓜馅，然后放入派皮中，再放入烤箱烤制而成。

综合评价

生产制作完成后，由你本人、你所在的小组其他成员和生产制作指导老师组成综合性评价小组，依据标准填写下列评价表。

"灰胡桃南瓜泥"实训综合评价表

评价主体	评价要素								比例	分值
	实施前		实施中			实施后		合计		
	资料查找 10%	项目分析 20%	原料准备 10%	生产规范 20%	成品质量 15%	清洁卫生 15%	实训报告 10%	100%		
自我评价									30%	
小组评价									30%	
老师评价									40%	
总 分									100%	

模块小结

本模块包含具有代表性的蔬菜类西餐热菜中的菠菜奶酪卷、白汁芝士焗西蓝花、那不勒斯烤香料番茄、炸茄子配番茄汁、普罗旺斯炖菜、炸洋葱圈、法式蒜香煎口蘑、灰胡桃南瓜泥等实训项目。

蔬菜是指可以做菜、烹饪成为食品的一类植物或菌类。蔬菜是人们日常饮食中必不可少的食物之一,蔬菜可提供人体所必需的多种维生素和矿物质等营养物质。此外,蔬菜中还有多种多样的植物化学物质,是公认的对健康有效的成分。

叶菜类:这类蔬菜通常包含菠菜、油菜等,富含维生素和矿物质,对人体非常重要。

根茎类:这类蔬菜包括萝卜、胡萝卜等,它们富含淀粉和纤维素等。

花菜类:如菜花、西蓝花、花椰菜等,主要以头部为食材,提供丰富的营养成分。

瓜果类:如番茄、黄瓜、冬瓜等,主要以瓜果为食材,营养价值高。

茄果类:如茄子、辣椒、青椒等,主要以果实为食材,含有大量维生素和矿物质。

菌菇类:如金针菇、香菇、木耳等,含有丰富的蛋白质和氨基酸。

番薯类:如山芋、红薯等,属于淀粉类蔬菜,含有大量养分和膳食纤维。

此外,还有一些特殊的蔬菜,如莲藕、薯芋等,这些蔬菜含有大量的碳水化合物,能提供人体所需的能量。

蔬菜是西餐中使用量极大的一类原料,适用于几乎所有的西式烹饪技法,常作为沙拉的主料、主菜的配料、基础汤熬制原料、蔬菜汁制作原料等。

练习题

扫描下方二维码进行线上答题。

练习题

模块六
蛋类菜品制作

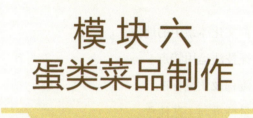

学习目标

知识目标：

- 了解煎蛋在西餐饮食文化体系中的地位。
- 了解法式炒蛋的烹饪技法运用特点。
- 熟悉奶油炖蛋工艺流程及质量标准。
- 熟悉意式烘蛋的质量标准与工艺流程。
- 熟悉苏格兰炸蛋的质量标准及传承情况。
- 掌握蛋类西式代表菜肴生产制作注意事项。
- 掌握蛋类西式代表菜肴原料选用与调味用料构成。

能力目标：

- 能对小组成员的实训角色进行恰当分配，并能做好组织、统筹、监督、检查的工作。
- 能较好运用鲜活原料初加工技术、刀工技术，依据项目实施相关要求做好蛋类西式代表菜肴的准备工作。
- 能够制作蛋类西式代表菜肴，且工艺流程、制作步骤、成菜质量等符合相关标准。
- 通过对相关知识的学习与蛋类西式代表菜肴的制作，结合餐饮行业的发展方向及市场需求，能创新、开发适销对路的蛋类新西餐。

素质目标：

- 培养创新意识和创新精神，勇于探寻新方法、新工艺。
- 具有较强的食品安全意识。
- 理解"勤奋学习、立志成才"是新时代青年人的责任与担当。
- 具有良好的职业习惯，严守职业纪律。
- 培养德才兼备、技艺精湛、爱岗敬业的职业素养。
- 树立正确的职业观，深刻认识烹饪职业的价值，努力提升职业认同感。

● 项目 1

煎蛋

煎蛋操作视频

项目目标

1. 知道制作煎蛋所需的主辅料、调料,并能按标准选用。
2. 掌握煎蛋生产制作步骤、成品质量标准和安全操作注意事项。
3. 能按照企业厨房生产管理有关规定,依据项目实施说明做好各项准备,在团队成员相互配合下独立完成煎蛋的生产制作。
4. 培养创新意识和创新精神,勇于探寻新方法、新工艺。

* * * * * *

项目分析

煎蛋(见图6-1-1)具有"形态完整、软嫩适宜、口味咸鲜"的特点。煎蛋是西式早餐中最常见的蛋品之一,在制作煎蛋时,人们会选择将蛋放在平底锅上煎至金黄色。可以根据个人口味,加入一些蔬菜或肉类,例如火鸡肉或火腿,这样可以增加营养。同时,还可以根据个人口味加入盐、胡椒粉或其他调料增加味道,或在煎蛋上撒上奶酪或香草等配料。为高质量地完成本项目,各学员不仅要做好准备,还应认真分析以下几个核心问题:

图6-1-1 煎蛋成品图

1. 西餐煎蛋有多少种类?_____
2. 在配菜搭配方面有什么讲究?_____
3. 煎制过程中应注意什么?_____
4. 煎锅应选用什么锅为佳?_____

* * * * * *

项目实施

一、主辅料、调料识别与准备

主料:鸡蛋1个(见图6-1-2)。
辅料:西红柿1/4个约40g,黄瓜1节约40g,培根1片(见图6-1-3)。
调料:黄油15g,精盐1g,胡椒粉0.3g,辣酱油1ml(见图6-1-4)。

图 6-1-2 主料

图 6-1-3 辅料

图 6-1-4 调料

二、制作流程识读

清洗鸡蛋→敲开鸡蛋→配菜加工→小火煎制→调味→装盘。

三、技术要点解析

1. 选择新鲜的鸡蛋，外观没有明显的破裂，没有异味。
2. 煎锅选用方面，建议选用不粘平底锅。
3. 敲蛋和煎制过程中动作要轻巧，以防把蛋黄碰散。

四、依据步骤与图示制作

步骤 1：将鸡蛋洗净，敲开鸡蛋，保持蛋黄完整（见图 6-1-5）。

步骤 2：西红柿和黄瓜分别切成 0.3cm 的厚片（见图 6-1-6）。

步骤 3：平底锅融化黄油，倒入鸡蛋，小火缓慢煎制（见图 6-1-7）。

步骤 4：煎至蛋白刚熟、蛋黄微微定型时，撒入盐、胡椒粉调味，盛放进盛菜碟中（见图 6-1-8）。

步骤 5：平底锅加热，放入少许黄油融化，将培根放入锅中略煎（见图 6-1-9），至两面焦黄出锅，摆放在鸡蛋旁边。

步骤 6：将黄瓜片、番茄片等摆进碟中，淋上少许辣酱油（见图 6-1-10），即可上菜。

图 6-1-5 敲开鸡蛋

图 6-1-6 配菜刀工成品

图 6-1-7 煎制

图 6-1-8 煎制成品

图 6-1-9 煎制培根

图 6-1-10 装盘

五、拓展创新探究

煎制时,注意保持蛋的完整性,可以借助各种形状的"煎蛋圈",制作出形状各异的煎蛋。煎制的成熟度可以根据顾客的需要进行灵活调整,例如待一面煎好后,再煎另一面即为双面煎;双面煎中根据蛋黄的成熟度又可分为嫩心双面煎、半熟双面煎、全熟双面煎。

知识链接

单面煎蛋

1. 特点:单面煎蛋也叫美式煎蛋,它的主要特点是表面的蛋黄和蛋清颜色特别分明,蛋黄基本是生的,表面的蛋清没有熟透,这种煎蛋保持了鸡蛋本身的独特风味。

2. 吃法:吃单面煎蛋时,应该先用叉子将蛋黄扒开,让蛋黄流出来。如果是搭配牛排食用,就作为牛排的蘸料,因为牛排直接吃口感略显生硬,蘸着鸡蛋吃可以使口感更顺滑;如果是搭配意大利面食用,就和意大利面搅拌在一起。剩下的固体部分可以像牛排一样切开,然后蘸酱吃。

综合评价

生产制作完成后,由你本人、你所在的小组其他成员和生产制作指导老师组成综合性评价小组,依据标准填写下列评价表。

"煎蛋"实训综合评价表

评价主体	评价要素							比例	分值
	实施前		实施中			实施后		合计		
	资料查找 10%	项目分析 20%	原料准备 10%	生产规范 20%	成品质量 15%	清洁卫生 15%	实训报告 10%	100%	
自我评价									30%	
小组评价									30%	
老师评价									40%	
总分								100%	

项目 2
法式炒蛋

法式炒蛋操作视频

项目目标

1. 知道制作法式炒蛋所需的主辅料、调料，并能按标准选用。
2. 掌握法式炒蛋生产制作步骤、成品质量标准和安全操作注意事项。
3. 能按照企业厨房生产管理有关规定，依据项目实施说明做好各项准备，在团队成员相互配合下独立完成法式炒蛋的生产制作。
4. 树立食品安全意识。

✳✳✳✳✳✳

项目分析

法式炒蛋（见图 6-2-1）具有"色泽金黄、形态呈半凝固状、蛋香味浓郁"的特点。此技法制作的炒蛋在欧洲较为常见，其最大特点就是口感软嫩细腻，关键的步骤就在于隔水加热。为高质量地完成本项目，各学员不仅要做好准备，还应认真分析以下几个核心问题：

1. 法式炒蛋的成品特点是什么？_____
2. 炒制过程中需要蛋液与锅直接接触加热吗？_____
3. 此菜在调味方面有什么特色？_____
4. 新鲜鸡蛋的特点是什么？_____
5. 为做出嫩滑的鸡蛋，应如何控制水温？_____

图 6-2-1 法式炒蛋成品图

✳✳✳✳✳✳

项目实施

一、主辅料、调料识别与准备

主料：鸡蛋 2 个（见图 6-2-2）。

辅料：面包片 1 片，芦笋 35g，牛奶 20ml，奶油 5ml（见图 6-2-3）。

调料：胡椒粉 0.4g，精盐 1.5g，黄油 30g，威士忌酒 2ml，黑胡椒碎 0.4g（见图 6-2-4）。

图 6-2-2　主料

图 6-2-3　辅料

图 6-2-4　调料

二、制作流程识读

调制混合蛋浆→过滤蛋浆→煎制面包片→煎制芦笋→隔水炒蛋→装盘。

三、技术要点解析

1. 法式炒蛋一定要开小火，不然底部的鸡蛋会熟太快，鸡蛋就不够嫩了。
2. 炒蛋时要用勺子轻轻搅动，直至蛋液呈半流质、半固体状。

四、依据步骤与图示制作

步骤1：将鸡蛋敲入盛器内，加精盐、胡椒粉、牛奶、奶油、威士忌酒等搅拌均匀，即成混合蛋浆（见图 6-2-5）。

步骤2：将蛋浆过滤，倒入易于导热的汤碗中（见图 6-2-6）。

步骤3：面包片用小火缓慢煎制（见图 6-2-7），至两面微黄取出。

步骤4：锅烧热后放入少许黄油，将芦笋放入煎锅中小火煎制（见图 6-2-8），煎熟后用精盐和黑胡椒碎调味取出。

步骤5：锅中加水7分满，水沸腾后放入装有蛋液的汤碗，用勺子搅动（见图 6-2-9），待蛋液微微凝固时加入剩余的黄油，搅拌至蛋液变稠取出。

步骤6：将煎面包片放进盛菜碟，把炒蛋放在面包片上，搭配上煎芦笋（见图 6-2-10），即可上菜。

图 6-2-5　搅打蛋浆

图 6-2-6　过滤蛋浆

图 6-2-7　煎制面包片

图 6-2-8　煎制芦笋

图 6-2-9　隔水炒蛋

图 6-2-10　装盘

五、拓展创新探究

对于炒蛋来说，只有鸡蛋是必要食材，通常还会加入盐、胡椒粉、牛奶、奶油等调味，出锅后还可搭配不同的配菜，从而制成各种不同的炒蛋。因此，在探究新菜品时，遵循菜谱的基本操作步骤后可以根据消费者的需求进行创新。

知识链接

各式炒蛋的做法

西式炒蛋的最大特点就是软嫩细腻，英式、美式和法式三种炒蛋的蛋液是一样的，但烹饪的方法完全不同，也就得到了口感截然不同的炒蛋。

1. 英式炒蛋：英式炒蛋需要一个小奶锅，加入黄油融化后倒入打好的蛋液，隔几秒就搅拌一下蛋液，没有可流动的蛋液时就可以盛出了（注意，千万不要等蛋液完全凝固了才盛出），一般搭配面包作为早餐食用。

2. 美式炒蛋：美式炒蛋一般使用平底锅，加入黄油融化后倒入打好的蛋液，当底部开始凝结时就用木铲从边缘往中间推，没熟的蛋液会流回边缘，到没有可流动的蛋液时就可以盛出了。层层叠叠、薄而柔嫩的蛋皮裹着些许半熟蛋汁，松软又美味，与煎培根和咖啡是非常好的搭配。

3. 法式炒蛋：法式煎蛋比前两种都要复杂一些，不能直接在锅里炒而是需要隔水加热。先烧一锅开水，将装有蛋液的碗架在上面，用蛋抽继续搅打到稍稍开始有一点凝固，加入切成小块的黄油，用木铲搅拌至蛋液变稠就可以盛出了。

综合评价

生产制作完成后，由你本人、你所在的小组其他成员和生产制作指导老师组成综合性评价小组，依据标准填写下列评价表。

"法式炒蛋"实训综合评价表

评价主体	评价要素								比例	分值
	实施前		实施中			实施后		合计		
	资料查找 10%	项目分析 20%	原料准备 10%	生产规范 20%	成品质量 15%	清洁卫生 15%	实训报告 10%	100%		
自我评价									30%	
小组评价									30%	
老师评价									40%	
总 分									100%	

项目 3

奶油炖蛋

奶油炖蛋操作视频

项目目标

1. 知道制作奶油炖蛋所需的主辅料、调料,并能按标准选用。
2. 掌握奶油炖蛋生产制作步骤、成品质量标准和安全操作注意事项。
3. 能按照企业厨房生产管理有关规定,依据项目实施说明做好各项准备,在团队成员相互配合下独立完成奶油炖蛋的生产制作。
4. 了解守护百姓"舌尖上的安全"的重要意义,提升食品安全意识。

＊＊＊＊＊＊

项目分析

奶油炖蛋(见图6-3-1)具有"外形完整、蛋白刚熟不硬、蛋黄微熟呈流体状、奶香味适口"的特点。此菜是一道源自法国的经典早餐蛋制品,主要成分是鸡蛋和奶油,这些食材都富含优质的蛋白质、钙质和维生素,可以补充身体所需的营养元素,增强抵抗力和骨骼健康。同时,鸡蛋中还含有胆碱,可以促进大脑发育和记忆力,而奶油则可以提供丰富的能量和口感,让这道甜品更加香滑诱人。为高质量地完成本项目,各学员不仅要做好准备,还应认真分析以下几个核心问题:

图6-3-1 奶油炖蛋成品图

1. 西餐"炖"制技法与中餐"炖"制技法最大的区别是什么?＿＿＿＿＿＿
2. 操作过程中如何防止蛋黄破裂?＿＿＿＿＿＿
3. 炖制时的温度与时间宜控制在什么范围?＿＿＿＿＿＿

＊＊＊＊＊＊

项目实施

一、主辅料、调料识别与准备

主料:鸡蛋2个(见图6-3-2)。
辅料:番茄1/2个约80g,芹菜叶10g,奶油30ml,卡夫芝士粉5g(见图6-3-3)。
调料:黄油25g,精盐1g,胡椒粉0.5g,杂香草0.3g,鲜百里香2g,黑胡椒碎1g(见图6-3-4)。

图 6-3-2　主料　　　　　　图 6-3-3　辅料　　　　　　图 6-3-4　调料

二、制作流程识读

加工蔬菜→制作香草奶油汁→煎制蔬菜→准备炖盅→隔水炖→装盘。

三、技术要点解析

1. 使用新鲜的鸡蛋来制作,以保证炖蛋的口感细腻。

2. 炖制时,要控制好烤箱的温度和时间,避免蛋液过度凝固收缩,口感变硬。

四、依据步骤与图示制作

步骤 1:将番茄切成 0.5cm 厚的圆片,芹菜叶切碎(见图 6-3-5)。

步骤 2:奶油放入锅中加热,加入盐、鲜百里香,制成香草奶油汁(见图 6-3-6)。

步骤 3:煎制番茄片(见图 6-3-7),撒入盐、黑胡椒碎、杂香草,熟后出锅。

步骤 4:炖盅内部刷上黄油,撒入盐及胡椒粉,敲入鸡蛋(见图 6-3-8)。

步骤 5:将炖盅放入烤盘中,在烤盘内加入热水,淹至炖盅的一半,放入烤箱(见图 6-3-9),160℃烤 6 分钟,至蛋白凝固、蛋黄成流体状取出。

步骤 6:将煎好的番茄片摆盘,盛上炖好的蛋,淋上香草奶油汁,撒上黑胡椒碎、卡夫芝士粉、芹菜叶碎(见图 6-3-10),即可上菜。

图 6-3-5　辅料刀工成品　　图 6-3-6　制作香草奶油汁　　图 6-3-7　煎制番茄片

图 6-3-8　装入炖盅　　　　图 6-3-9　烤箱炖制　　　　图 6-3-10　装盘

五、拓展创新探究

如食谱所做，菜谱中的鸡蛋可以换成鸭蛋，番茄可以换成面包片等，制成"奶油面包炖蛋"；在调味方面遵循西餐的基本搭配原则，可以将香草奶油汁换成芥末奶油汁、蜂蜜黑醋汁等。

知识链接

西餐里的鸡蛋怎么吃？

西餐中的鸡蛋被广泛应用于各种菜肴中，包括早餐、主菜和甜点等。它们可以煮成软硬度合适的水煮蛋，煎成金黄色的煎蛋，蒸成嫩滑的蒸蛋，或加入更复杂的菜肴中。

1. 在早餐中：鸡蛋通常煎制成煎蛋或煮成水煮蛋。如果顾客喜欢柔软的蛋黄，可以将蛋打散煎成法式煎蛋或口感丰富的奶酪煎蛋；如果顾客想要体会独特的口感，可以制成煎蛋卷或向菜肴中加入用鸡蛋打制的蓬松蛋饼。

2. 在主菜中：鸡蛋可用来制作蛋包饭、欧姆蛋或者煎蛋堆。此外，在意大利面、比萨饼和炸鸡等多种菜肴中，鸡蛋也扮演着重要的角色。

3. 在甜点中：鸡蛋可以被用来制作各种饼干、面包、蛋糕和布丁等。特别是在法式甜点中，鸡蛋是一种不可或缺的原料，因为它可以带来蓬松、细腻的口感。

总之，在西餐中，用鸡蛋制作的菜肴种类繁多，口感丰富，可以根据喜好的口味选择不同的烹饪方法来制作不同口感、味道的鸡蛋菜肴。

综合评价

生产制作完成后，由你本人、你所在的小组其他成员和生产制作指导老师组成综合性评价小组，依据标准填写下列评价表。

"奶油炖蛋"实训综合评价表

评价主体	评价要素								比例	分值
	实施前		实施中			实施后		合计		
	资料查找 10%	项目分析 20%	原料准备 10%	生产规范 20%	成品质量 15%	清洁卫生 15%	实训报告 10%	100%		
自我评价									30%	
小组评价									30%	
老师评价									40%	
总　分									100%	

项目 4

勃艮第红酒水波蛋

勃艮第红酒水波蛋
操作视频

项目目标

1. 知道制作勃艮第红酒水波蛋所需的主辅料、调料，并能按标准选用。
2. 掌握勃艮第红酒水波蛋生产制作步骤、成品质量标准和安全操作注意事项。
3. 能按照企业厨房生产管理有关规定，依据项目实施说明做好各项准备，在团队成员相互配合下独立完成勃艮第红酒水波蛋的生产制作。
4. 进一步明白"勤奋学习、立志成才"是新时代青年人的责任与担当。

✶✶✶✶✶✶

项目分析

勃艮第红酒水波蛋（见图6-4-1）具有"色泽深红、酒香味浓郁、口感层次丰富、蛋白凝固、蛋黄呈流体状"的特点。勃艮第黑皮诺红葡萄酒非常适合制作红酒煮的菜肴，在红酒中煮熟的水波蛋，搭配上红酒酱，别有一番滋味；若搭配上增稠的巧克力，酱汁中不但有红酒的果香，还带有可可独特的香气。为高质量地完成本项目，各学员不仅要按照"项目描述"中的要求做好准备，还应认真分析以下几个核心问题：

图6-4-1　勃艮第红酒水波蛋成品图

1. 查询资料，了解勃艮第地区菜肴的风味特点。＿＿＿＿＿＿＿＿＿＿＿＿＿＿＿
2. 煮制过程中，红酒汁与蛋的比例在什么范围较为合适？＿＿＿＿＿＿＿＿＿＿
3. 查询资料，了解勃艮第黑皮诺红葡萄酒的特点。＿＿＿＿＿＿＿＿＿＿＿＿＿
4. 如何保持水波蛋成品不破裂？＿＿＿＿＿＿＿＿＿＿＿＿＿＿＿＿＿＿＿＿＿

✶✶✶✶✶✶

项目实施

一、主辅料、调料识别与准备

主料：鸡蛋2个（见图6-4-2）。
辅料：乡村面包2片约70g，培根片30g，蘑菇片70g，小洋葱碎30g，大蒜2粒5g（见图6-4-3）。
调料：黑皮诺红葡萄酒300ml，精盐2g，黄油40g，鲜百里香10g，黑胡椒碎3g，香叶2片，黄油面酱5g（见图6-4-4）。

图6-4-2 主料

图6-4-3 辅料

图6-4-4 调料

二、制作流程识读

熬制红酒汁→炒配菜→煎面包片→煮鸡蛋→过滤→收汁→装盘。

三、技术要点解析

1. 煮鸡蛋时，煮至蛋白凝结、蛋黄呈半流质为佳，因此最好选用可生食的鸡蛋。
2. 用剪刀修整水波蛋形状时要非常小心，以防戳破蛋黄。
3. 酱汁制成后，如觉得红酒的酸味或巧克力的苦味过重，可适当加糖中和。

四、依据步骤与图示制作

步骤1：酱汁锅加入黄油融化，放入小洋葱碎、香叶和鲜百里香炒香，倒入黑皮诺红葡萄酒，加热至沸腾后调小火煮（见图6-4-5），大约煮制30分钟。

步骤2：平底锅加入黄油，放入培根片煸炒香后放入蘑菇片稍炒，然后用盐、黑胡椒碎调味（见图6-4-6），炒至蘑菇熟即可出锅。

步骤3：平底锅中放入黄油，融化后加大蒜、鲜百里香炒香，放入面包片煎制（见图6-4-7），煎至两面金黄。

步骤4：把鸡蛋敲开，然后轻轻倒入红酒汁中（见图6-4-8），小火煮制，煮制时要保持微沸，煮约4分钟后捞出。

步骤5：将红酒汁用滤网过滤后再次倒入锅中，然后放入黄油面酱、精盐和黑胡椒碎，小火煮至浓稠（见图6-4-9）。

步骤6：把黄油面包片摆入盘中，放上培根、蘑菇、红酒水波蛋，淋上红酒汁，稍加点缀（见图6-4-10）即可上菜。

图6-4-5 熬制红酒汁

图6-4-6 炒配菜

图6-4-7 煎面包片

图 6-4-8　煮水波蛋　　　　图 6-4-9　收汁　　　　图 6-4-10　装盘淋汁

五、拓展创新探究

如食谱所做，菜谱中的鸡蛋可以换成牛肉，牛肉加工成块状后用盐、香草、黑胡椒碎腌制后，放入平底锅中煎制，煎制后放入红酒汁中煮，煮制时间延长至 60 分钟，煮至软烂，即制成"勃艮第红酒牛肉"。

知识链接

勃艮第地区的美食文化

勃艮第地区的美食文化是法国餐饮文化的重要组成部分，也是法国餐饮文化中最古老、最传统的部分之一。勃艮第地区的美食以法国大餐为主，其中最著名的当属"勃艮第蜗牛""勃艮第火腿""勃艮第奶酪"等。这些美食不仅在法国国内广为流传，也在全球范围内享有盛名。

勃艮第蜗牛以鲜嫩可口、营养丰富而闻名，勃艮第火腿以肉质鲜嫩、味道香浓而著称，勃艮第奶酪以口感丰富、味道浓郁而广受喜爱。

综合评价

生产制作完成后，由你本人、你所在的小组其他成员和生产制作指导老师组成综合性评价小组，依据标准填写下列评价表。

"勃艮第红酒水波蛋"实训综合评价表

评价主体	评价要素								比例	分值
	实施前		实施中			实施后		合计		
	资料查找 10%	项目分析 20%	原料准备 10%	生产规范 20%	成品质量 15%	清洁卫生 15%	实训报告 10%	100%		
自我评价									30%	
小组评价									30%	
老师评价									40%	
总　分									100%	

项目 5

法式魔鬼蛋

法式魔鬼蛋
操作视频

项目目标

1. 知道制作法式魔鬼蛋所需的主辅料、调料,并能按标准选用。
2. 掌握法式魔鬼蛋生产制作步骤、成品质量标准和安全操作注意事项。
3. 能按照企业厨房生产管理有关规定,依据项目实施说明做好各项准备,在团队成员相互配合下独立完成法式魔鬼蛋的生产制作。
4. 理解养成良好职业习惯、严守职业纪律与个人职业生涯发展的密切关系。

✴✴✴✴✴✴

项目分析

法式魔鬼蛋(见图6-5-1)具有"口味酸甜清爽、造型圆润独特、蛋黄香味浓郁"的特点。法式魔鬼蛋也称为酿鸡蛋,是将煮熟的鸡蛋去壳切成两半,并用蛋黄与蛋黄酱和芥末等其他成分混合而成的糊状物填充,它们通常在聚会或派对期间作为配菜或开胃菜。为高质量地完成本项目,各学员不仅要做好准备,还应认真分析以下几个核心问题:

图6-5-1 法式魔鬼蛋成品图

1. 为防止煮制时鸡蛋破裂,需要注意什么?_____
2. 为便于煮熟的鸡蛋剥壳,可以通过什么方式处理?_____
3. 如何让做好的蛋黄口感细腻?_____
4. 此菜制作的工艺流程包含哪些?_____

✴✴✴✴✴✴

项目实施

一、主辅料、调料识别与准备

主料:鸡蛋2个(见图6-5-2)。
辅料:各式沙拉蔬菜50g(见图6-5-3)。
调料:蛋黄酱20g,番茄沙司12g,精盐1g,黑胡椒粉1g,油醋汁10ml(见图6-5-4)。

图6-5-2 主料

图6-5-3 辅料

图6-5-4 调料

二、制作流程识读

煮鸡蛋→透凉鸡蛋→剥壳→蛋黄过筛→裱入蛋白→装盘。

三、技术要点解析

1. 宜使用新鲜的鸡蛋来制作，以保证魔鬼蛋口感顺滑。

2. 为便于煮熟的鸡蛋剥壳，应及时将其放入冷水或冰水中迅速降温。

四、依据步骤与图示制作

步骤1：锅中加入清水，放入鸡蛋，小火升温煮制（见图6-5-5），中火加热至沸腾，调小火煮约8分钟。

步骤2：鸡蛋煮熟后捞出，放进冰水中浸泡（见图6-5-6），约5分钟凉透后捞出。

步骤3：将鸡蛋壳敲碎，剥去鸡蛋壳（见图6-5-7）。

步骤4：将去壳后的鸡蛋一分为二，取出蛋黄，将蛋黄压碎并过筛（见图6-5-8）。

步骤5：过筛后的蛋黄加入蛋黄酱、番茄沙司、精盐、黑胡椒粉搅拌均匀，裱入蛋白中（见图6-5-9）。

步骤6：将各式沙拉蔬菜摆放在盛菜碟中（见图6-5-10），淋上油醋汁，然后摆上魔鬼蛋，稍加点缀即可上菜。

图6-5-5 煮鸡蛋　　　图6-5-6 透凉鸡蛋　　　图6-5-7 鸡蛋剥壳

图6-5-8 蛋黄过筛　　　图6-5-9 裱入蛋白　　　图6-5-10 装盘

五、拓展创新探究

制作时，调味品可以根据顾客需要和餐厅特色酌情调整，如黄油、浓奶油或蛋黄酱与辛辣调味品结合在一起，可以有较强的对比味道。

知识链接

复活节"魔鬼蛋"

1. "魔鬼蛋"定义："魔鬼蛋"一词来自18世纪的一个烹饪术语最初用来描述一种高度调味的煎或煮的菜肴，也包括辛辣的、充满调味品的菜肴。它最终被用来描述鸡蛋，也就成了今天西方人在复活节必吃的"魔鬼蛋"。

2. 历史渊源：已知最早的酿鸡蛋食谱，也是与现代魔鬼蛋最相似的食谱，据传是13世纪写成的。据记载，是将煮熟的蛋黄与香菜、胡椒和洋葱汁混合，然后用一种由发酵大麦或鱼制成的酱汁、油和盐搅拌，然后将混合物塞入挖空的蛋清中；将鸡蛋的两半用小棍子固定在一起，并在上面撒上胡椒粉。

综合评价

生产制作完成后，由你本人、你所在的小组其他成员和生产制作指导老师组成综合性评价小组，依据标准填写下列评价表。

"法式魔鬼蛋"实训综合评价表

评价主体	评价要素							合计 100%	比例	分值
	实施前		实施中			实施后				
	资料查找 10%	项目分析 20%	原料准备 10%	生产规范 20%	成品质量 15%	清洁卫生 15%	实训报告 10%			
自我评价									30%	
小组评价									30%	
老师评价									40%	
总　分									100%	

项目 6

洋葱培根欧姆蛋

洋葱培根欧姆蛋
操作视频

项目目标

1. 知道制作洋葱培根欧姆蛋所需的主辅料、调料，并能按标准选用。
2. 掌握洋葱培根欧姆蛋生产制作步骤、成品质量标准和安全操作注意事项。
3. 能按照企业厨房生产管理有关规定，依据项目实施说明做好各项准备，在团队成员相互配合下独立完成洋葱培根欧姆蛋的生产制作。
4. 进一步明白爱岗敬业是成为高素质技能型人才的必备职业素养。

✱ ✱ ✱ ✱ ✱ ✱

项目分析

洋葱培根欧姆蛋（见图6-6-1）具有"色泽金黄、呈半牛角状、蛋香味浓郁、口感酥松"的特点。欧姆蛋是一种夹馅的煎蛋，制作时可以用黄油或植物油煎，配料常用火腿、培根等，最常搭配车达奶酪，也可以调入一些蓝纹奶酪提味。对辅料的刀工处理一般以小丁为佳。为高质量地完成本项目，各学员不仅要做好准备，还应认真分析以下几个核心问题：

图6-6-1 洋葱培根欧姆蛋成品图

1. 查询资料，了解"欧姆蛋"名称的来历。_____
2. 煎制"欧姆蛋"的技术关键有哪些？_____
3. 煎制过程对火力的要求有哪些？_____
4. 制作"欧姆蛋"最常用的什么类型的蛋？_____

✱ ✱ ✱ ✱ ✱ ✱

项目实施

一、主辅料、调料识别与准备

主料：鸡蛋2个（见图6-6-2）。

辅料：牛奶20ml，培根1片，洋葱30g，橙子1/4个约40g，欧芹3g，苦苣菜10g（见图6-6-3）。

调料：黄油15g，精盐1g，胡椒粉0.5g，奶油3ml，番茄沙司20g（见图6-6-4）。

模块六 蛋类菜品制作

图 6-6-2 主料

图 6-6-3 辅料

图 6-6-4 调料

二、制作流程识读

调制混合蛋液→过滤→配菜加工→煎制蛋卷→装盘。

三、技术要点解析

1. 在打蛋液的过程中需要充分将蛋液调拌均匀，确保蛋液中蛋黄和蛋白充分融合。
2. 煎蛋时，锅的温度要适中，不宜过高，以免将蛋液煎煳。

四、依据步骤与图示制作

步骤1：将鸡蛋敲入盛器内，加精盐、胡椒粉、牛奶和奶油搅匀（见图6-6-5）。

步骤2：将混合蛋液用过滤网筛过滤（见图6-6-6），去掉较粗的颗粒。

步骤3：将洋葱、培根切碎，将橙子切成块，欧芹剁碎（见图6-6-7）。

步骤4：不粘锅烧热后放入黄油融化，加入洋葱、培根炒香，放入混合蛋液不断搅动，炒至蛋液成软糊状（见图6-6-8）。

步骤5：将蛋液摊平，用铲子将蛋卷成两头细中间粗的梭形（见图6-6-9），待充分定型后取出，放入盛菜碟中。

步骤6：配上苦苣菜、橙子块，挤上番茄沙司、撒上欧芹碎（见图6-6-10），即可上菜。

图 6-6-5 调制混合蛋液

图 6-6-6 过滤鸡蛋液

图 6-6-7 辅料刀工成品

图 6-6-8 炒制蛋液

图 6-6-9 翻卷成"梭形"

图 6-6-10 装盘

五、拓展创新探究

如食谱所做，菜谱中的培根、洋葱可以换成芝士、香草等，制成"香草芝士欧姆蛋"；培根、洋葱也可以换成煮熟的大虾仁、烟熏三文鱼等，制成"海鲜欧姆蛋"。配菜和调味酱汁可以根据顾客的喜好适当变化。

知识链接

欧姆蛋的文化

欧姆蛋也称为西式煎蛋卷，是一种常见的西方菜肴。它的主要原料是鸡蛋，可以在中间卷入不同的馅料。

1. **发源与地区特色**：这道菜的发源地是法国，制作过程通常都是先将蛋液煎至凝固，然后再将其折叠成半圆形。在我国香港的茶餐厅，欧姆蛋常与火腿、咸牛肉、鲜牛肉、午餐肉或豌豆等馅料搭配；在日本，欧姆蛋有时会被用来包裹炒饭或其他配料，形成一种名为"蛋包饭"的特殊食物。

2. **适宜人群**：欧姆蛋不仅是一种美味的食品，也是一种处理剩菜的经济且简便的方法，适合各个年龄段的人群食用，包括小孩、牙齿不便的老人以及热爱西餐的人士。

3. **发展创新**：尽管欧姆蛋最初可能被视为简单的早餐食品，但人们后来发现欧姆蛋与红酒搭配时也非常美味，这表明它可以作为正餐的一部分。

综合评价

生产制作完成后，由你本人、你所在的小组其他成员和生产制作指导老师组成综合性评价小组，依据标准填写下列评价表。

"洋葱培根欧姆蛋"实训综合评价表

评价主体	评价要素								比例	分值
	实施前		实施中			实施后		合计		
	资料查找 10%	项目分析 20%	原料准备 10%	生产规范 20%	成品质量 15%	清洁卫生 15%	实训报告 10%	100%		
自我评价									30%	
小组评价									30%	
老师评价									40%	
总　分									100%	

项目 7

意式烘蛋

项目目标

1. 知道制作意式烘蛋所需的主辅料、调料，并能按标准选用。
2. 掌握意式烘蛋生产制作步骤、成品质量标准和安全操作注意事项。
3. 能按照企业厨房生产管理有关规定，依据项目实施说明做好各项准备，在团队成员相互配合下独立完成意式烘蛋的生产制作。
4. 树立正确的职业观，深刻认识烹饪的价值，努力提升职业认同感。

✶✶✶✶✶✶

项目分析

意式烘蛋（见图 6-7-1）具有"简单易做、口感丰富"的特点。意式烘蛋是一款起源于意大利的美食，鸡蛋拥有丰富营养价值，容易取得又价格亲民，是每一个家庭餐桌上不可或缺的美食，也是料理中经常能看得见的食材，各个地区都会发展独具特色的蛋料理，暖暖蛋香总是能勾起属于"家"的厨房记忆。为高质量地完成本项目，各学员不仅要做好准备，还应认真分析以下几个核心问题：

图 6-7-1 意式烘蛋成品图

1. "烘"制技法的操作关键是什么？_____
2. 制作此菜时"烘"制的温度和时间要控制在什么程度？_____
3. 制作此菜对"锅具"是否有特殊要求？_____
4. 装盘时需要注意什么？_____

✶✶✶✶✶✶

项目实施

一、主辅料、调料识别与准备

主料：鸡蛋 5 个（见图 6-7-2）。

辅料：牛奶 60ml，帕玛森芝士碎 30g，马苏里拉芝士 60g，意大利乳酪 40g，洋葱 50g，芦笋 80g，番茄 1 个约 100g，番芫荽 5g（见图 6-7-3）。

调料：黄油 15g，橄榄油 5ml，精盐 3g，黑胡椒粉 1g（见图 6-7-4）。

图 6-7-2 主料

图 6-7-3 辅料

图 6-7-4 调料

二、制作流程识读

蔬菜刀工处理→打散蛋液→炒制配菜→加热鸡蛋液→加入芝士→烘烤→装盘。

三、技术要点解析

1. 将准备好的蔬菜在大火热锅中炒至半熟,然后倒入打散的鸡蛋液,转小火加热至蛋液表面不再晃动后放入烤箱。

2. 配菜不限于食谱中的原料,可以选择其他喜欢的蔬菜。

3. 加热过程中应恰当控制火力的大小,防止底部烧焦。

四、依据步骤与图示制作

步骤1:将洋葱、芦笋清洗干净后分别切成小丁,将番茄去瓤后留肉,切成小丁,意大利乳酪切成薄片(见图6-7-5)。

步骤2:将鸡蛋打入碗中,加入精盐、黑胡椒粉、牛奶和帕玛森芝士碎,用蛋抽搅打至蛋液松散(见图6-7-6)。

步骤3:平底锅中加入橄榄油、黄油,黄油融化后放入洋葱丁、芦笋丁用中火煸炒至8分熟,然后加入切好的番茄丁(见图6-7-7),继续翻炒约1分钟。

步骤4:将混合蛋液倒入锅中,稍微搅动,定型后关火撒入马苏里拉芝士(见图6-7-8),放入意大利乳酪片。

步骤5:然后将平底锅放到烤箱中,以180℃烤8分钟,待芝士融化并上色后取出,扣入盘中(见图6-7-9)。

步骤6:将蛋放在砧板上切块(见图6-7-10),摆入盛菜碟中,再撒上少许帕玛森芝士碎、番芫荽,稍点缀即可上菜。

图 6-7-5 辅料刀工处理

图 6-7-6 打散蛋液

图 6-7-7 炒制配菜

图 6-7-8 加入芝士

图 6-7-9 扣入盘中

图 6-7-10 成品切块

五、拓展创新探究

意式烘蛋有很多不一样的配料搭配方法，如搭配鲜蘑菇、香肠、洋葱、甜椒、番茄酱与奶酪等；若搭配墨鱼汁、土豆、芝士和扇贝，则可制成海鲜意式烘蛋。

知识链接

意大利美食特点

1. **食材选择**：意大利美食强调食材的新鲜和简单的烹饪方式。大部分意大利菜肴使用新鲜的蔬菜、水果、肉类和海鲜，以保留食材的原汁原味；简单的调味和烹饪方式让食材本身的美味得以充分展现。

2. **地方特色**：意大利各个地区都有其独特的美食特色，受到地理环境和文化传统的影响。北部地区以奶酪和面食为主，南部地区则以海鲜和橄榄油为特色。无论是托斯卡纳的意大利面条还是那不勒斯的比萨，都展示了地方风味的丰富性。

3. **美食品类**：意大利美食品类众多，例如比萨、意大利面、意大利冷盘、海鲜美食、帕尔玛火腿、帕尔米干酪、橄榄油等。

综合评价

生产制作完成后，由你本人、你所在的小组其他成员和生产制作指导老师组成综合性评价小组，依据标准填写下列评价表。

"意式烘蛋"实训综合评价表

评价主体	评价要素									
	实施前		实施中			实施后		合计	比例	分值
	资料查找 10%	项目分析 20%	原料准备 10%	生产规范 20%	成品质量 15%	清洁卫生 15%	实训报告 10%	100%		
自我评价									30%	
小组评价									30%	
老师评价									40%	
总　分									100%	

● 项目 8

苏格兰炸蛋

苏格兰炸蛋
操作视频

✳✳✳✳✳✳

项目目标

1. 知道制作苏格兰炸蛋所需的主辅料、调料，并能按标准选用。
2. 掌握苏格兰炸蛋生产制作步骤、成品质量标准和安全操作注意事项。
3. 能按照企业厨房生产管理有关规定，依据项目实施说明做好各项准备，在团队成员相互配合下独立完成苏格兰炸蛋的生产制作。
4. 了解餐饮服务操作规范，提升职业能力。

✳✳✳✳✳✳

项目分析

苏格兰炸蛋（见图 6-8-1）具有"外皮酥脆、肉嫩蛋香"的特点，是英国很常见的经典小吃，现在很多西餐厅的菜单上都可以找到它的名字。苏格兰炸蛋就是将水煮蛋混合猪肉等肉类的肉馅，做成类似丸子形状后再进行烹调的一道料理，是一道扎实且有着厚重分量感的菜肴。为高质量地完成本项目，各学员不仅要做好准备，还应认真分析以下几个核心问题：

图 6-8-1 苏格兰炸蛋成品图

1. 如何保持成品鸡蛋的蛋黄成"流心"状态？＿＿＿＿＿＿＿＿＿＿＿＿＿＿＿＿
2. 制作此菜的关键点有哪些？＿＿＿＿＿＿＿＿＿＿＿＿＿＿＿＿＿＿＿＿＿＿
3. 炸制油温一般控制在多少摄氏度？＿＿＿＿＿＿＿＿＿＿＿＿＿＿＿＿＿＿＿

✳✳✳✳✳✳

项目实施

一、主辅料、调料识别与准备

主料：鸡蛋 3 个，牛肉碎 200g（见图 6-8-2）。

辅料：各式沙拉蔬菜 50g，面包糠 50g，鸡蛋黄 2 个，面粉 30g（见图 6-8-3）。

调料：精盐 2g，胡椒粉 1g，油醋汁 10ml，番茄沙司 30g（见图 6-8-4）。

图 6-8-2 主料

图 6-8-3 辅料

图 6-8-4 调料

二、制作流程识读

煮蛋→剥壳→沾上面粉→制作牛肉糜→牛肉糜包裹鸡蛋→炸制→切块→装盘。

三、技术要点解析

1. 搅拌肉末时需要顺着一个方向搅拌才会搅拌上劲，让肉末变得黏稠且不易炸散；另外，包好的肉球用左右手来回揣打几下，将空气排出，使肉糜将鸡蛋包裹紧实，让肉包蛋在炸制时保持完整。

2. 去壳蛋的表面均匀地裹上面粉可以让肉馅更加紧实地粘在蛋上，食用时搭配沙拉酱或番茄沙司是不错的选择。

四、依据步骤与图示制作

步骤1：锅中加入清水，放入鸡蛋煮制，煮约8分钟至蛋全熟后将蛋放入冰水中，剥掉蛋壳，粘上面粉（见图6-8-5）。

步骤2：将牛肉碎放入小盆中，加入鸡蛋黄、精盐、胡椒粉，充分搅打至有弹性（见图6-8-6），然后放置10分钟。

步骤3：将牛肉分成三份，然后压成圆饼状，再把粘裹面粉的鸡蛋放中间，用牛肉糜完整包裹鸡蛋并捏紧（见图6-8-7），制成面衣。

步骤4：将肉包蛋依次粘裹面粉、蛋液、面包糠，然后放入180℃的油锅中炸（见图6-8-8），炸至表面金黄捞出。

步骤5：根据食用方式的不同，对炸好的蛋进行刀工处理，可切块（见图6-8-9）也可保留整形。

步骤6：将各式沙拉蔬菜摆放在盛菜碟中，淋上油醋汁，然后摆上炸蛋（见图6-8-10），配上番茄沙司即可上菜。

图 6-8-5 沾上面粉

图 6-8-6 制作牛肉糜

图 6-8-7 牛肉糜包蛋

图 6-8-8　炸制　　　　　　图 6-8-9　切开成品　　　　　　图 6-8-10　装盘

五、拓展创新探究

传统苏格兰炸蛋使用的主料为鸡蛋和牛肉，根据市场需求可以将鸡蛋换成鹌鹑蛋、鸽子蛋等，牛肉可以用鱼肉、猪肉代替。食用时，可蘸食甜辣酱、番茄酱或蜂蜜芥末酱。

知识链接

苏格兰饮食文化

苏格兰有其独特的烹饪方法，同时也受英国其他地区和欧洲饮食文化的影响。因此，苏格兰的饮食既传统又现代，在苏格兰既可以品尝到传统的苏格兰菜肴，也有移民带来的世界各地的饮食习惯。

苏格兰饮食偏好野味、鱼类、水果、蔬菜等天然食材，大多数苏格兰菜肴的料理方法颇为简单。由于来自海外的香辛料价格高昂，苏格兰菜肴较少使用香料。苏格兰的烹调技法是以烧、煮、蒸、烙和烘烤为主，调味品甚多，口味上喜爱清淡、酥香，而不爱吃辣。肉类以牛肉、羊肉、鱼、鸭、鸡为主，常吃的蔬菜有卷心菜、豌豆、西红柿、土豆、生菜等。

综合评价

生产制作完成后，由你本人、你所在的小组其他成员和生产制作指导老师组成综合性评价小组，依据标准填写下列评价表。

"苏格兰炸蛋"实训综合评价表

评价 主体	评价要素								比例	分值
	实施前		实施中			实施后		合计		
	资料 查找 10%	项目 分析 20%	原料 准备 10%	生产 规范 20%	成品 质量 15%	清洁 卫生 15%	实训 报告 10%	100%		
自我评价									30%	
小组评价									30%	
老师评价									40%	
总　分									100%	

模块小结

　　本模块包含具有代表性的蛋类西餐热菜中的煎蛋、法式炒蛋、奶油炖蛋、勃艮第红酒水波蛋、法式魔鬼蛋、洋葱培根欧姆蛋、意式烘蛋、苏格兰炸蛋等实训项目。

　　常见的蛋类有鸡蛋、鸭蛋、鹅蛋和鹌鹑蛋等，其中产量最大、食用最普遍、食品加工工业中使用最广泛的是鸡蛋。各种禽蛋的结构都很相似，主要由蛋壳、蛋清、蛋黄三部分组成。以鸡蛋为例，每只蛋平均重约 50g，蛋壳重量约占 10%。

　　禽蛋是优质蛋白质的重要来源，其中的氨基酸组成和人体的需要非常接近，能够为身体提供充足的蛋白质，促进肌肉生长和修复。禽蛋富含多种维生素，如维生素 A、维生素 E、维生素 D 等，其中维生素 D 的含量较高，而且易于吸收，可以促进钙的吸收，强化骨骼和牙齿。蛋富含钙、铁、锌、硒、磷等矿物质，可以满足身体的多种需要，有助于维持身体的各种功能。

　　禽蛋在烹饪中应用广泛，是西餐早餐制作中最常用的烹饪原料之一，适用于煎、煮、烤、炖等常见西式烹饪方法，也是蛋糕制作不可或缺的原料。

练习题

扫描下方二维码进行线上答题。

练习题

参 考 文 献

[1] 鲁煊，朱照华，谭顺捷. 西餐烹调工艺与实训[M]. 成都：西南交通大学出版社，2021.

[2] 刘训龙，刘居超. 西餐烹饪工艺[M]. 北京：科学出版社，2017.

[3] 李晓. 西餐烹饪基础[M]. 北京：化学工业出版社，2013.

[4] 李丽，严金明. 西餐与调酒操作实务[M]. 北京：清华大学出版社，2006.

[5] 牛铁柱，林粤，周桂禄. 西餐烹调工艺与实训[M]. 北京：科学出版社，2013.

[6] 余松筠. 西餐烹调工艺[M]. 武汉：华中科技大学出版社，2018.

[7] 高杰. 人气西餐大全[M]. 北京：电子工业出版社，2013.

[8] 曾永福，王作鏽. 西餐制作技术[M]. 厦门：厦门大学出版社，2012.

[9] 郭亚东. 西式烹调师[M]. 北京：中国劳动社会保障出版社，2001.

[10] 周海霞，邹宇航. 西餐制作[M]. 北京：科学出版社，2014.

[11] 许宏裕，赖晓梅. 西餐大师：新手也能变大厨[M]. 郑州：河南科学技术出版社，2013.

[12] 邵万宽. 烹调工艺学[M]. 北京：中国劳动社会保障出版社，2023.

[13] 郭晓赓. 西式烹饪工艺与实训[M]. 北京：中国轻工业出版社，2020.